데이비가 들려주는 금속 이야기

데이비가 들려주는 금속 이야기

ⓒ 우희권, 2011

초판 1쇄 발행일 | 2011년 12월 9일
초판 8쇄 발행일 | 2021년 5월 31일

지은이 | 우희권
펴낸이 | 정은영
펴낸곳 | (주)자음과모음

출판등록 | 2001년 11월 28일 제2001-000259호
주   소 | 04047 서울시 마포구 양화로6길 49
전   화 | 편집부 (02)324-2347, 경영지원부 (02)325-6047
팩   스 | 편집부 (02)324-2348, 경영지원부 (02)2648-1311
e-mail | jamoteen@jamobook.com

ISBN 978-89-544-2230-7 (44400)

데이비가 들려주는

금속 이야기

| 우희권 지음 |

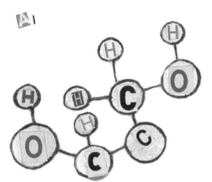

㈜자음과모음

| 책머리에 |

지구에 널리 퍼져 있는 금속은
어디서 왔으며 어떻게 활용될까?

밤하늘에 퍼져 있는 무수히 많은 별들은 우리가 속한 은하계의 일부분이며, 이런 은하들이 무수히 모여 우주를 이룹니다. 끝없이 펼쳐진 우주에 대해 최근 놀라운 사실이 밝혀졌습니다. 우주는 지금도 팽창하고 있으며, 앞으로도 계속 팽창할 것이고, 그 속도가 더 빨라진다는 것입니다.

이 신비한 우주를 구성하는 원소들 중에는 가벼운 수소(H)와 헬륨(He), 비금속 원소들의 비율이 매우 큰 데 비해 금속이 차지하는 비율은 적습니다. 그 이유는 무엇일까요? 태양은 대부분 수소와 헬륨으로 이루어져 있고 핵융합하면서 맹렬하게 타고 있습니다. 지구에는 수소와 헬륨의 양은 매우 적은 반면 금속들은 다양한 형태로 다량 존재합니다. 그러면 이 금속들은 도대체 어디서 왔고 어떻게 우리 인간에게 사용되고 있을까요? 답은 핵융합에 있습니다.

금속은 지구 생물들이 살아가는 데 매우 중요한 기능을 합니다. 동물의 적혈구에 있는 철 2가 이온(Fe^{2+})은 호흡에 관여하고, 식물의 엽록소 내 마그네슘 2가 이온(Mg^{2+})은 광합성 작용에 관여합니다. 이 두 금속이 없다면 모든 생물이 지구상에서 사라지는 것은 순식간의 일이겠지요. 나트륨(Na^+)과 칼륨(K^+)의 1가 이온들이 없으면 생물 세포들이 작동하지 않아 곧 죽습니다. 칼슘 2가 이온(Ca^{2+})이 없다면, 우리 몸의 골격을 이루는 뼈도 조개껍질도, 진주도 석회동굴도 없습니다.

철이 없다면 우리는 건물을 지을 수도, 자동차나 배를 만들 수도 없습니다. 구리로는 전선을 만들고, 백금은 공장에서 촉매로 많이 사용합니다. 티타늄으로 인공 치아와 안경테를 만들고, 우라늄은 원자력 발전에 사용하며, 비행기 몸체를 이루는 두랄루민(Duralumin) 합금 제조에 알루미늄을 사용합니다. 이처럼 금속은 우리의 생명 활동과 생활에 꼭 필요합니다.

이 책은 지구에 존재하는 금속들이 어떻게 생겨났으며 어떻게 중요하게 사용되고 있는지에 대한 이야기를 담고 있습니다. 이것은 별과 우주의 탄생과 순환과도 관계가 있습니다. 금속은 우주의 별들과 지구상의 생물들에게 매우 중요하고 그 탄생과 죽음의 비밀도 간직하고 있기 때문입니다. 자 이제 금속의 아름다운 세계에 빠져 봅시다.

우희권

차례

금속이란 무엇일까?

금속은 액체 상태의 수은을 제외하고는 모두 고체 상태로 존재합니다.
과연 금속은 무엇으로 이루어지며, 어떤 결합을 이루고 있을까요?

1

첫 번째 수업

금속이란 무엇일까?

데이비가 자신을 소개하며
첫 번째 수업을 시작했다.

안녕하세요. 오늘 첫 수업을 시작으로 여섯 번의 수업을 이 끌어 갈 저 자신을 간단히 여러분께 소개하고자 합니다. 저는 영국의 화학자 험프리 데이비(Humphry Davy, 1778～1829) 입니다. 과학을 사랑하는 학생 여러분과 수업을 하게 되어 무척이나 흥분되며 기쁘군요.

여러분, 혹시 아산화질소(N_2O) 화합물이라고 들어 보았나요?

＿ 네, 들어 본 적이 있어요, 히히.

아산화질소 화합물은 무색 기체로 마취의 기능이 있습니다. 그런데 이 기체가 얼굴 근육을 경련시켜 웃는 표정을 짓

게 한다는 것을 아시나요? 그 사실을 제가 처음으로 밝혀 냈습니다. 사람들의 웃는 모습이 하회탈 같다고나 할까요? 아산화질소의 이런 성질 때문에 내가 살던 시대에는 파티에서 이것들을 종종 사용하기도 하였습니다.

화합물들은 이처럼 적은 양으로도 신기한 효능을 준답니다. 화합물은 원소로 이루어져 있습니다. 화합물뿐만 아니라 우리 주변에서 발견되는 모든 물질들은 원소로 이루어져 있지요. 금속(metal)도 원소로 이루어져 있습니다. 여러분은 화학 원소의 주기율표를 본 적이 있지요?

__ 예. 하지만 주기율표를 이해하기가 어려워요.

아산화질소를 마시면 술에 취한 것처럼 행동하고 작은 자극에도
쉽게 울거나 웃어 파티에서 종종 사용되었습니다.

하하, 그런가요? 전교 학생들을 학교 운동장에 불러 모았다고 생각해 보세요. 학생들이 몇 학년이고 어느 반인지 구별이 안 되겠지요? 그래서 반을 나누고 번호를 매겨 학생들을 관리합니다. 마찬가지로 다양한 원소들을 마구 늘어놓으면 그 성질을 예측하기 어렵겠지요? 그래서 원자 번호가 작은 것부터 큰 것 순서로 원소를 놓되, 같은 족에 화학적 성질이 유사한 원소들이 모이도록 배열한 것이 바로 주기율표이지요. 원소의 성질이 주기적(8개 단위 법칙 또는 옥타브 법칙)으로 반복되는 것을 보여준다는 점이 주기율표의 특징이랍니다.

전기 분해를 통해 주기율표 1족 원소인 알칼리 금속과 주

주기율표

기율표 2족 원소인 알칼리 토금속의 분리가 이루어졌습니다. 이들 금속들을 최초로 분리해 낸 사람도 바로 저랍니다.

__ 와우, 대단하시네요. 그럼 선생님은 노벨상을 수상하셨 겠네요?

유감스럽게도 아닙니다. 그럼 이제 금속이 무엇인지 살펴 보기 위해 화학 원소 주기율표를 알아봅시다.

주기율표

지금까지 화학자와 물리학자들이 찾아낸 천연 원소들은 약 90종입니다. 이것들은 많은 과학자들이 여러 가지 물리 화학 적 방법을 고안해 분리해 낸 것입니다. 여기에 핵반응을 통 해 만들어낸 인공 원소를 포함한 총 116종의 원소로 주기율 표가 이루어져 있습니다.

지금도 핵융합이나 핵분열의 핵반응을 일으켜 새로운 인공 원소를 속속 만들어내고 있습니다. 이들을 원자 번호 순서로 배열하고 가로(족)와 세로(주기)로 나누어 두지요.

원자핵은 높은 에너지 상태에서만 태양에서처럼 핵융합을 일으키거나 원자로에서처럼 핵붕괴가 일어납니다. 우리 지

구에 생명이 살 수 있는 이유도 태양이 핵융합을 하기 때문이
지요.

　__ 핵융합이나 핵붕괴가 인류에 대단히 유익하군요.

　그렇지요. 하지만 항상 유익한 것은 아닙니다. 수소 폭탄과
원자 폭탄이 그 예입니다. 인류가 이들을 어떤 목적으로 이
용하느냐에 따라 핵반응은 천사가 되기도 하고 악마로 변하
기도 합니다.

　__ 그렇군요. 앞으로도 천연 원소들이 더 발견될 수 있나요?

　아마도 그렇지 않을 겁니다. 거의 다 발견한 셈이기 때문이
지요. 그러나 인공 원소들은 입자가속기와 같은 장치를 이용

핵폭발로 인해 인류는 많은 피해를 입기도 합니다.

한 핵반응을 통해 더 만들어질 것으로 기대됩니다. 다시 말해 화학원소 주기율표는 계속 확장될 것이지요.

＿ 그럼 인공 원소의 이름은 어떻게 정해지나요?

인공 원소 발견자가 원소 후보의 이름을 명명하면 IUPAC(국제순수응용화학연합)에서 회의를 거쳐 세계적으로 공인하게 됩니다.

＿ 저희들도 장차 핵 과학자가 되어 새로운 원소를 만들고 싶어요.

그렇게 하면 여러분 이름으로 원소 이름이 붙여질 수도 있겠지요.

원자, 분자, 원소, 화합물 및 혼합물

화학 반응을 통한 화학적 방법으로 더 이상 쪼갤 수 없으며 물질을 구성하는 기본 요소를 원소라고 합니다. 탄소(C), 수소(H), 산소(O), 질소(N)가 그 예로, 원소는 더 작은 입자인 원자의 집단으로 이루어집니다.

원자는 양전하의 핵과 음전하의 전자로 이루어져 있으며 이들은 서로 끌어당깁니다. 핵은 중성자와 양성자가 여러 소립자와 함께 결합하고 있지요. 여기에 높은 에너지를 가하면 전자와 핵 사이의 인력이 끊긴 상태로 함께 존재하는 플라즈마 상태가 됩니다. 입자가속기 내에서 빠르게 움직이는 입자와 핵이 충돌하면 그 충격에 의해 핵이 더 쪼개져 소립자들로 분해됩니다. 화합물은 화학 반응을 통해 더 작은 원소 또는 더 작은 단위의 화합물로 쪼개집니다.

__ 데이비 선생님, 조금 어려운데요, 또 다른 예를 들어 주세요.

화합물인 물(H_2O)은 전기 분해 화학 반응에 의해 원소인 수소(H_2)와 산소(O_2)들로 분리됩니다. 그리고 설탕 성분인 글루코스($C_6H_{12}O_6$)는 연소 화학 반응에 의해 순물질인 이산화탄소(CO_2)와 물 화합물들로 분리됩니다.

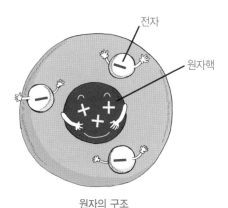

전자

원자핵

원자의 구조

물 : $2H_2O \rightarrow 2H_2 + O_2$

글루코스 : $C_6H_{12}O_6 + 6O_2 \rightarrow 6CO_2 + 6H_2O + 686kcal$

화합물은 2개 이상의 서로 다른 원소들의 화학 결합으로 이루어진 순물질입니다. 원자는 원소 고유의 화학적 성질을

과학자의 비밀노트

원자 질량, 분자 질량, 아보가드로 수 및 몰 단위

원자 질량은 정수가 없으며, 소수로 주어지는 평균 원자 질량을 의미한다. 각 동위 원소의 질량수에 자연 존재 비율 퍼센트를 곱한 것들을 더한 후에 100으로 나누어 준 값을 평균 원자 질량이라 한다.

분자 질량은 분자식을 구성하는 수대로 각 원자 질량을 곱한 후 모두 더해 얻은 값이다. 예를 들어, 물 분자 하나는 분자식이 H_2O로서 H의 평균 원자량이 1.00794a.m.u이고 산소 원자의 평균 원자량이 15.9994 a.m.u.이므로 분자량은 $2 \times 1.00794 + 15.9994 = 18.0153$(a.m.u.)이다.

1 a.m.u.는 1g을 아보가드로 수(6.022×10^{23})로 나누어 준 원자 질량 단위로 1.661×10^{-24}g에 해당된다. a.m.u.는 원자 한 개의 질량을 표시하기 위한 단위이다. 그러나 원자나 분자 한 개의 질량은 극히 작고 자연에는 그 개수가 엄청나게 많기 때문에 아보가드로가 제창한 아보가드로 수(6.022×10^{23})를 하나의 집단으로 하여 몰(mole)이라는 개념을 도입하게 되었다. 그리하여 물 분자 한 개의 질량은 18.0153a.m.u.(즉, $18.0153 \times 1.661 \times 10^{-24}$g)이고, 물 분자 1몰 집단의 분자량은 18.0143g이 된다. 물 분자 1개의 질량은 매우 작으며, 생수병 500mL에는 물 분자가 무려 약 10^{25}개 있다.

지닌 최소 단위이며, 분자는 화합물 고유의 화학적 성질을 가진 최소 단위입니다. 다시 말해 분자는 한 가지 또는 두 가지 이상 원자들의 화학 결합을 통해 이루어진 것입니다.

__ 한 가지 원자로 이루어진 분자는 어떤 것들이 있나요?

좋은 질문입니다. 수소(H_2), 질소(N_2), 산소(O_2), 염소(Cl_2) 등이 있습니다. 순수한 화합물인 순물질이 2개 이상 혼합된 것이 혼합물입니다. 화합물인 설탕과 물이 혼합된 설탕물이 바로 혼합물이지요.

금속의 분류

이제 금속의 종류에 대해 알아봅시다. 금속은 전기 음성도가 작은 원소로서 수소를 제외한 1A족 원소, 2A족 원소, 붕소를 제외한 3A족 원소들이 대표적 예입니다. 비금속 (nonmetal)은 전기 음성도가 큰 원소로서 6A족의 산소, 7A족의 불소와 염소가 대표적입니다. 준금속(metalloid)은 4A족의 실리콘, 게르마늄이 대표적인 예입니다.

금속은 주족 금속(main group metal), 전이 금속(transition

metal), 내부 전이 금속(inner transition metal)으로 나누고, 또한 질량이 가벼운 경금속과 질량이 무거운 중금속으로 나누기도 합니다.

경금속은 칼슘(Ca), 나트륨(Na), 철(Fe), 마그네슘(Mg), 구리(Cu), 아연(Zn) 등의 무기질 비타민 성분이 대표적이며, 중금속은 수은(Hg), 주석(Sn), 비소(As) 등과 같이 독성을 가진 물질들입니다. 또한 경금속은 작고 딱딱한 금속, 중금속은 크고 부드러운 금속으로 이야기하기도 합니다.

__ 경금속과 중금속은 주기율표 어디에 있나요?

경금속은 주기율표의 윗주기에 있고 중금속은 아랫주기에

우리 몸에 해를 일으키는 중금속

있습니다.

 __ 중금속이 몸에 쌓이면 질병이 생긴다고 하던데, 왜 중금속은 독성이 있나요?

 하하. 좋은 질문입니다. 우리 몸은 부드러운 유기 물질로 이루어져 있습니다. 유기 물질은 단백질, 탄수화물, 지질, 핵산 등을 말하지요. 이러한 부드러운 유기 물질이 중금속과 강하게 공유 결합을 하여 체내에 쌓이면서 독성이 생깁니다. 즉, 신체 내 호흡이나 유전, 생식에 관여하는 세포와 효소에 작용하여 활동을 방해합니다.

 __ 경금속은 왜 비타민으로 늘 보충해 주어야 할까요?

인체의 생명 현상에 중요한 역할을 하는 경금속

경금속은 딱딱하여 부드러운 우리 몸에 들어오더라도 잘 결합하지 않아 체외로 쉽사리 배출됩니다. 그러므로 늘 음식이나 비타민으로 보충해 주어야 합니다. 경금속은 우리 생명을 유지하는 대사 활동에 매우 중요합니다.

금속은 상온에서 액체인 수은을 제외하곤 모두 고체로 존재하며, 금속 결합을 하고 있고, 여러 가지 다양한 특성을 지니고 있습니다.

＿ 이제 주족 금속에 대해 설명해 주세요. 왜 주족이라 부르나요?

주족 금속은 전자들이 s와 p궤도를 채우는 금속이며 산화수가 일정한 것이 특징입니다. 주기율표 내 원소의 상당수가 주로 s와 p궤도를 채우는 원소이고 산화수가 일정하므로 주족이라 불립니다.

＿전이 금속의 '전이'는 무엇을 의미하나요?

전이 금속은 전자들이 s, p궤도는 물론 d궤도를 채우는 금속이며 산화수가 여러 개 존재합니다. 하나의 산화수가 다른 산화수로 전이(변화)하는 것이 가능하다는 의미이지요.

내부 전이 금속은 전자들이 s, p, d궤도는 물론 f궤도를 채우는 금속이며 전이 금속과 마찬가지로 산화수가 여러 개 존재합니다. 산화수가 일정한 주족 금속은 산화수 변화가 제한

힘들지?

촉매를 이용하면 높은 산을 터널을 이용해 지나는 것처럼
손쉽게 반응이 일어날 수 있습니다.

되어 화학 반응 시약으로 주로 사용되며, 산화수가 여러 개
로 변할 수 있는 전이 금속은 촉매(catalyst)로 많이 사용됩
니다. 이들은 모두 산업 발전에 중요하지요.

   __ 촉매가 무엇인가요?

  촉매는 자신은 소비되지 않으면서 반응 속도를 변화시켜
반응에 영향을 끼치는 물질을 말합니다. 반응 속도를 빠르게
하면 정촉매, 느리게 하면 부촉매라고 부릅니다. 촉매는 용
매에 녹는 균일 촉매와 녹지 않는 불균일 촉매가 있습니다.
또한 반응 속도를 보통 빠르게 해주는 공업용 촉매와 반응 속
도를 엄청 빠르게 해주는 생화학 촉매로 효소(enzyme)가 있
습니다.

금속 결합

이제 금속 결합에 대해 공부합시다. 금속은 금속 원자들이 규칙적이고 효과적으로 공간을 채운 배열로 이해될 수 있습니다. 여기 상자에 차곡차곡 담긴 사과들이 있습니다. 다만 사과들이 그냥 쌓여 있기만 한 것이 아니고 한데 묶여 하나와 같이 행동하는 것을 상상해 봅시다.

__ 이해가 잘 안 되네요. 더 쉬운 예를 들어 설명해 주세요.

마치 2002년 월드컵 경기 때 붉은 악마 응원복을 입고 한국 사람들이 한마음이 되어 일사불란하게 한국 축구 대표 팀을 응원한 것과 같다고나 할까요? 여기서 우리들은 한국인 특유의 단합된 힘을 보여 주었지요.

__ 아, 이제 이해가 되네요. 그러면 금속 원자들이 어떻게 묶여 있나요?

금속 원자들은 금속 결합을 하고 있습니다. 금속 원자들은 각자 가진 원자 궤도들을 공유하여 공통의 원자 궤도를 가진 거대 집단을 이룹니다. 동시에 각 금속 원자들이 각 원자 궤도에 전자들을 내놓아 함께 공유함으로써 금속 결합을 이룬다고 볼 수 있습니다.

금속 양이온　　　자유 전자

금속 결합

　　그렇다면 금속 원자들이 모이는 정도에 따라 금속의 특
성이 다를 수도 있나요?

　　예. 금속 원자들이 수십~수백 개가 모여 나노(nano) 구조
를 이루기도 합니다. 이 경우 나노 금속 입자는 금속 덩어리

와는 전혀 다른 우수한 성질을 나타내기도 합니다.

＿ 나노가 무엇인가요?

나노는 10억분의 1미터의 길이이며, 원자 하나가 0.1나노 미터 정도 크기이므로 매우 작은 단위입니다.

＿ 금속은 다른 금속과도 결합할 수 있나요?

물론이지요. 이것을 합금(alloy)이라고 부릅니다. 일반적으로 합금은 원래 금속보다 더 우수한 성질을 나타냅니다.

＿ 비금속과도 결합할 수 있나요?

예. 철이 녹스는 것이 대표적입니다. 즉, 금속이 비금속인 산소와 결합하여 부식되는 것이 산화 반응입니다. 또 다른 예로, 극히 인화성이 높은 나트륨(Na) 금속이 맹독성의 비금속인 염소(Cl_2) 기체와 결합하여 생명 현상에 필수적인 소금(NaCl)염으로 변하지요.

$$2Na \ + \ Cl_2 \longrightarrow 2NaCl$$

이런 통일성, 공유성, 다양성 때문에 금속의 고유 성질이 나타납니다. 금속 고유의 특성은 세 번째 수업 시간에 더 자세히 설명하겠습니다. 아쉽지만 벌써 첫 번째 수업을 마칠 시간입니다. 오늘 수업 즐거웠나요?

― 예!

오늘 우리는 금속이 무엇인가에 대해 공부했습니다. 다음 시간에는 금속이 어디서 왔고 어떻게 생성되었는가에 대해 공부하겠습니다. 자, 여러분! 다음 시간에 또 만납시다.

― 차렷. 경례. 선생님, 수고하셨습니다!

박사님, 금속이 뭔가요? 알 것 같으면서도 아리송하네요.

그럼 먼저 이 주기율표를 보세요. 원자 번호가 작은 것부터 큰 순서로, 또 화학적 성질이 유사한 원소들이 모이도록 배열한 표랍니다.

오, 그럼 원소만 알아도 성질을 예상할 수 있겠네요.

맞아요. 특히 8개 단위 법칙 또는 옥타브 법칙이라고 해서 원소의 성질이 주기적으로 반복되는 것을 보여주는 특징이 있어요.

잠깐만요, 그럼 원소와 원자는 다른 건가요?

물론이죠. 원소는 화학적 방법으로 더 이상 쪼갤 수 없는 물질을 구성하는 기본 요소를 말해요. 원자는 물질을 이루는 가장 작은 입자이지요.

우리는 물질의 고유한 특성을 가지고 있다고.

흥, 원소도 원자가 모여야 만들어질 수 있다고.

물 H O
수소
산소
이슬

그리고 이 원소는 원자들이 모여 이루어지는 것이죠. 그럼 원자는 어떻게 생겼는지 볼까요?

양성자
중성자
전자

그래서 이 주기율표를 참조해서 금속을 나누면 금속은 전기 음성도에 따라 1A족 원소, 2A족 원소, 3A족 원소로 나누거나 금속은 주족 금속, 전이 금속, 내부 전이 금속 등으로 나눌 수가 있답니다.

1A족 원소
2A족 원소   금속
3A족 원소

주족금속
전이금속
내부 전이금속

아, 그리고 금속들은 금속 원자들이 규칙적으로 공간을 채운 배열로 되어 있어요.

그래서 금속이 단단한 거였군요.

우리는 단단하게 모여서 공간을 효과적으로 채우고 있지

금 속

2

금속은 어디서 왔을까?

지구상에 존재하는 100가지 이상의 수많은 금속들은 대체 어디서 왔을까요?

2

두 번째 수업

금속은
어디서 왔을까?

금속 탐구의 아버지, 데이비가
두 번째 수업을 시작했다.

가벼운 원소의 탄생

안녕하세요, 여러분. 지난 수업은 즐거웠나요?

__ 네.

대답 소리가 우렁차니 좋네요. 그럼 오늘 두 번째 수업을
시작하겠습니다. 여러분도 유명한 스타를 알지요?

__ 예! 스타들은 멋있어요. 피겨 스케이터 김연아 선수와
축구 스타 박지성 선수의 경기는 정말 눈을 뗄 수 없을 만큼
흥미로워요.

그렇습니다. 영화나 스포츠 등 여러 분야에서 기량이 뛰어난 사람들을 우리는 스타라고 부르지요. 하지만 저는 오늘 우리가 스타라고 부르는 사람들이 아니라 우리 머리 위 하늘에 보이는 실제 '스타(별)'에 대해 이야기를 하려 합니다.

별의 색과 반짝임이 각기 다르지요? 실제 별들은 우리가 있는 지구로부터 엄청 멀리 떨어져 있습니다. 우리의 눈으로는 보이지 않고 망원경을 통해 보아야 하는 것도 있고, 더 성능이 좋은 망원경으로 보아야 보이는 것들도 있어요. 크기도 제각각이고요. 허블 망원경이 현재로선 가장 크고 성능이 우수합니다.

그러면 하늘에 떠 있는 수많은 별은 어떻게 생겨났을까요?

아는 사람 손들고 말해 보세요.

　 저요, 저요.

　저 뒤에 손을 높이 든 영철이가 한번 아는 대로 대답해 보세요.

　 저절로 생겨났습니다. 우주와 물과 공기처럼요.

　틀렸습니다. 세상에 저절로 생겨난 것은 없으며 다 원인이 있지요.

　그러면 우주는 무엇일까요?

　 우리가 볼 수 있는 하늘이지요.

　작게 생각하면 우리가 보는 하늘이랄 수 있겠지만, 크게 보면 우주는 끝없이 광활하며 우리가 상상할 수 없을 정도로 큽니다. 우리가 속한 태양계도 별들의 일종이며, 셀 수 없이 많은 별들이 모여 은하를 이루고 수많은 은하가 모여 우주를 이룹니다. 다시 말해 엄청난 수의 별들이 모여 우주를 이루는 것입니다.

　 별들이 우주를 다 채울 수 있나요?

　물론 우리가 하늘에서 보듯이 별들은 우주를 모두 채우지 못하며 일부만 채웁니다.

　 그러면 별들이 채우지 못하는 부분은 무엇인가요? 정말 궁금해요!

　채우지 못하는 부분은 '블랙홀'이라 부릅니다. 별들이 수명

을 다해 죽으면 빛을 잃고 합쳐져서 중력이 매우 큰 덩어리가
됩니다. 이처럼 빛을 포함한 모든 것들을 빨아들이는 소용돌
이 구멍을 말하지요. 이것이 더 진행되면 대폭발을 일으켜
새로운 별을 만들어 냅니다.

   __ 블랙홀은 별들의 무덤이면서 새로운 별들이 만들어지는
공장이군요?

   그렇다고 할 수 있지요. 그러면 원소들은 어떻게 생겨났을
까요?

   __ ……. 너무 어려운 질문인 것 같아요.

   여러분은 '빅뱅'이라는 말을 들어본 적이 있나요? 빅뱅은
약 100억 년 전에 한 점에 불과했던 우주가 대폭발을 일으켜

물질이 극단적으로 수축되어 밀도가 매우 크고
중력이 커진 천체인 블랙홀, 빛도 빠져 나오지 못합니다.

팽창한 것을 말하는데요, big은 크다는 뜻이고 bang은 '꽝' 소리 나는 폭발을 의미하지요. 이러한 빅뱅으로 전자, 중성자, 양성자가 생겨났고, 10만 년의 시간이 흐르면서 하나의 양성자와 전자가 뭉쳐 원자 번호가 1인 수소 원자(^{1}H)를 만들었고, 이들의 원자핵이 서로 뭉치는 핵융합을 통해 헬륨(^{2}He)을 만들었습니다. 이들은 모두 가벼운 비금속 원소이지요. 우주의 팽창으로 온도가 내려가면서 이 기체들로 우주가 가득 채워졌지요.

__ 우주는 계속 빨리 팽창하나요? 아니면 천천히 팽창하다가 결국 수축하나요?

과거에는 우주는 천천히 팽창하다가 결국 수축한다고 보

앉는데, 최근 관측에 의하면 계속적으로 빨리 팽창한다고 합니다.

무거운 원소의 탄생

__ 그러면 선생님, 현재 우리 주위에 보이는 무거운 원소인 철과 같은 금속들은 어떻게 생겨났나요?

아주 좋은 질문입니다. 확실하지는 않지만 100억 년 전, 빅뱅 우주 탄생 사건 이후 10만 년이 지나면서 가벼운 기체로 채워진 우주가 생겨났고, 이어 10억 년 동안 큰 변동이 없었던 것으로 보입니다. 그때쯤 우주 곳곳에서 수소와 헬륨 기체들이 천천히 모여들어 양이 많아지게 되었고, 그 결과로 중력이 증가하면서 더 많이 모이게 되었지요. 중력이 증가하면 기체 농축이 일어나며, 이로 인해 기체 덩어리 내부의 온도가 올라가게 됩니다. 이것이 우리가 별이라고 부르는 것입니다. 별들이 모인 집단을 은하라고 부르고요. 적은 수의 별의 집단을 소은하, 큰 수의 별의 집단을 대은하라고 부릅니다.

마치 콘서트장에 청중 한두 사람이 있으면 시원하고 매우 조용하지만, 청중이 많이 모이면 시끄럽고 주위 온도가 올라가 더워지는 것과 같은 원리이지요. 기체들이 더 압축되면 플라즈마 형태(원자는 핵과 전자 간에 인력이 작용하여 안정한데, 외부에서 큰 에너지가 가해지면 핵과 전자 간 인력이 사라져서 단순히 혼합된 상태로 존재함)로 변해 핵융합이 일어납니다.

이렇게 하여 핵이 점점 커지고 무거워져서 무거운 비금속 원소(탄소, 질소, 산소 등)가 먼저 생겨나고, 핵융합이 더 진행되어 무거운 원소인 금속들이 생겨나게 됩니다. 이처럼 지구에 무거운 원소와 금속들이 생겨났고, 지구 중력의 작용으로 대기는 질소, 산소, 수소를 비롯한 각종 기체로 채워졌습니다. 지각은 주로 모래와 암석을 구성하는 이산화규소(SiO_2, 실리카)와 금속(철, 니켈, 주석 등)으로 되어 있고, 지구 내부는 아직도 뜨거운 마그마와 철과 니켈의 금속 액체로 이루어져 있습니다. 이런 이유로 지구는 자전을 하여 지구 자기장이 생겨나서 태양에서 오는 태양풍을 막아 주고, 바람과 기후도 생겨났습니다.

대기 중의 메탄(CH_4), 이산화탄소(CO_2) 등의 온실 기체는 태양열을 반사시켜서, 태양열이 지구에서 빠져나가는 것을 막아 지구가 적절한 온도로 유지되게 도와주었고요, 물과 산소도 생겨났지요. 중력의 작용으로 지구 성층권(지구 대기권 밖에 있는 기체층)에는 오존층도 생겨나서 지구를 우주선(宇

뜨거운 마그마와 철, 니켈 등 금속 액체로 되어있는 지구 내부,
그 바깥으로 지구자기장이 생겨나서 태양에서 오는 태양풍을 막아줍니다.

宙線, cosmic rays)의 공격으로부터 보호하여 줍니다. 이런
이유로 지구는 생명이 살기에 적합한 환경이 되었답니다.

　__ 선생님, 지구와 태양이 속해 있는 은하계는 어떤 모양을
하고 있나요?

　거대한 원반 모양으로 되어 있습니다. 이 원반은 위에서 보
면 중심 부분에 별들이 많이 존재하고, 바깥쪽으로 갈수록
소용돌이 모양을 그리면서 별의 수가 적게 존재합니다. 옆에
서 보면 중앙(은하수 부분)이 볼록하고 가장자리가 얄팍한 원
반처럼 생겼습니다. 우리 지구는 원반의 중심에서 약 3만 광
년 떨어진 곳에 존재합니다. 은하수의 별은 수억 개가 넘는

다고 하지만 실제로 사람 눈에 보이는 것은 3000개 정도밖에
안 됩니다.

　__ 선생님, 온실 기체가 많으면 좋기만 할까요?

　아닙니다. 온실 기체가 적당한 양으로 존재하면 지구의 온
도가 사람이 살기에 적절히 유지되지만, 이보다 적게 되면
지구가 빙하기가 되어 생물체가 얼어 죽게 되고, 이보다 많
게 되면 지구의 온도가 올라가 극지방의 빙하가 녹음으로써
기상 이변이 일어나 역시 생명체가 멸종하게 됩니다.

　__ 그렇다면 태양도 우리 지구처럼 무거운 원소들로 되어
있나요?

　아닙니다. 태양은 아직도 수소 기체들의 플라즈마가 핵융

합을 맹렬히 일으키고 있는 불타는 기체 덩어리입니다. 내부 온도는 2000만 도 이하입니다.

__ 그러면 별은 모두 태양과 같이 양성자-양성자 들이 핵융합하여 헬륨 원자를 만들면서 열을 내는 건가요?

아닙니다. 태양보다 무거운 별들은 생명의 기원인 탄소, 질소, 산소 기체가 관여하여 양성자가 헬륨으로 변하는 과정으로 핵융합이 일어납니다. 그러므로 별에서 각종 원소들이 제조되며, 여기서 물, 아미노산 등 생명 물질도 만들어진다고 볼 수 있지요.

__ 그래서 천체 과학자들이 지구와 같이 생명이 사는 별을 찾는 것이로군요. 이런 별이 몇 개나 될까요?

아마도 셀 수 없이 많을 것입니다. 여기서 끝나는 것이 아닙니다. 무거운 원소가 쌓여 중력으로 더 압축되면 내부 온도가 급격히 상승하여 무거운 원소(마그네슘, 규소, 황)가 타게 되고, 그로부터 더 무거운 원소인 철이 주로 생성됩니다. 그래서 지구상에 이산화규소(SiO_2)와 철이 유난히 많은 것입니다. 철 이상의 핵융합은 일어나지 않습니다. 그 이유는, 철 이상의 화합물들은 핵융합이 일어나더라도 핵자당 결합 에너지가 작아 불안정하기 때문입니다. 질량수가 100이 넘어가면 양성자와 중성자의 비율이 1에서 벗어나 쉽게 핵붕괴가 일어나서 쪼개지므로 불안정해집니다.

이제 금속들이 어떻게 생겨났는지를 알았지요?

__ 예.

그리고 금속이 지구상에 존재하는 비율이 다른 이유도 알

겠지요?

__ 예, 잘 알았습니다.

원자 폭탄과 원자력 발전소

이제는 최근에 문제가 되는 북한과 이란의 원자 폭탄 개발

과 지진에 의한 일본의 원자력 발전소 붕괴에 대해 알아봅시

다. 원자 폭탄이란 무엇일까요? 순영이가 아는 대로 대답해

보세요.

__ 원자 폭탄은 플루토늄(^{239}Pu)이나 우라늄(^{235}U)처럼 원자

번호가 큰 무거운 원소의 원자핵이 분열할 때 엄청난 에너지

를 내는 무기를 말합니다.

맞습니다. 아인슈타인의 유명한 질량과 에너지 변환 공식

$E = \Delta mC^2 (C = 2.998 \times 10^8 m/sec)$에 따르면, 결국 E(단위:

kJ/mol)$= \Delta m \times 8.99 \times 10^{16}$이 되어 작은 질량 변환이라도

매우 엄청난 에너지를 방출하게 됩니다. 예로서, 1kg의 ^{235}U 가 완전히 분열하면 고성능 TNT 폭탄 1만 7000톤이 내는 것과 맞먹는 에너지를 방출합니다. 하지만 우라늄은 동위원소(원자 번호는 92로 같지만 질량수가 다른 원소)가 존재합니다. 우라늄 동위원소로 ^{235}U와 ^{238}U가 있는데, ^{235}U가 존재량이 1/140 정도로 작지만 더 쉽게 핵분열이 일어나며 더 많은 중성자를 방출하므로 가공할 위력이 나옵니다. 중성자를 많이 방출할수록 핵에 충격이 더 가해져서 더 많은 중성자가 방출되므로 원자 폭탄 제조에 ^{235}U가 사용됩니다.

중성자는 방사성 핵 물질이 없어질 때까지 극히 짧은 찰나에 계속 기하급수적으로 분열하여 막대한 에너지와 폭풍을 일으킵니다. 원자 폭탄에 사용되는 방사성 물질들은 반감기가 길어서 제거되는 데 엄청난 세월이 필요하므로 더 큰 피해를 일으킵니다. 예로서, ^{238}U의 반감기는 무려 45억 년이나 되며 이것은 거의 지구 나이와 비슷합니다. 방사선 세기별 인체에 미치는 영향으로 감마선과 X-선은 투과력이 강하며, 알파선과 베타선은 투과력은 약하지만 체내에 들어오면 머무르게 되고 에너지 전이도가 크지요.

방사선의 종류에 따라 인체 장기에 집중적으로 잔존합니다. 방사선이 인체에 미치는 영향은 급성 효과부터 수주, 수십 년, 수백 년에 걸쳐 나타나기도 하므로 매우 무섭습니다. 백혈병, 유전적 장애, 갑상샘암, 유방암, 폐암, 골수암 등을 유발합니다. 실제 예를 들지요. 최초로 미국에서 개발된 원자 폭탄이 1945년 8월 6일 일본 히로시마를 강타하였는데, TNT 2만 톤에 맞먹는 위력을 가진 이 원자 폭탄의 폭발로 34만 3000명의 주민 중 6만 6000명이 즉사하였고, 6만 9000명의 주민이 중상을 입었으며, 도시의 70% 정도가 파괴되었습니다. 현대의 원자 폭탄의 위력은 이보다 10~100배 더 큽니다. 원자 폭탄의 피해가 엄청나죠?

__ 예, 소름이 끼쳐요. 원자 폭탄을 완전히 제거할 수는 없나요?

미국, 소련, 프랑스, 영국, 중국 등이 핵폭탄을 전술적으로 보유하고 있고, 이어 인도와 파키스탄도 핵폭탄을 보유하고 있습니다. 많은 나라들이 핵폭탄을 가지고자 수단과 방법을 가리지 않고 노력하고 있는데, 북한, 이란이 그 대표적인 예입니다. 이외에도 핵폭탄을 제조할 수 있는 나라는 우리나라를 비롯하여 일본, 이스라엘 등 여러 나라가 됩니다. 전 세계의 나라들이 핵폭탄의 위험에서 벗어나고자 핵 감축 협정을 맺어 핵탄두를 줄이고, 더 이상 핵보유국이 생기지 않도록 공동 노력하고 있습니다.

이제 원자력 발전에 대하여 공부합시다. 원자력 발전소의
종류에 대해 아는 사람 누구 있나요?

__ 저요.

저 뒤, 키 큰 학생 대답해 보세요.

__ 예. 가압 경수로, 가압 중수로, 고속 증식로가 있습니다.

맞습니다. 경수는 일반 물을 의미하고, 물속에 함유된 불순
물을 제거한 후 발전소의 냉각재와 감속재로 사용됩니다. 중
수는 일반 물에 약 0.015% 정도 함유되어 있으며, 일반 경수
보다 10% 정도 무겁고 감속 효과가 약 170배 정도 우수합니
다. 냉각재는 핵분열로 생산된 열(약 650℃)을 적정 온도(약
350℃)로 냉각시키는 동시에 열 전달 매체 역할을 하며, 감속

울진 원자력 발전소

재는 핵분열 시 열중성자를 감속시켜 주는 역할을 합니다. 핵분열에 쓰이는 재료는 ^{235}U가 많이 사용됩니다. 핵분열 시 나오는 열로 고온 고압의 수증기를 만들며, 이 수증기를 이용하여 발전 터빈을 돌려 전기를 생산합니다.

__ 원자력 발전을 할 때 해로운 물질이 나오나요?

좋은 질문입니다. 대개는 안전하지만, 원자력 발전 중에 뜨거워진 원자로를 식히기 위해 바닷물을 사용하는데 이 바닷물이 방사능 물질에 오염될 수가 있습니다.

원자 번호 38번인 방사성 스트론튬(^{90}Sr)은 베타 입자를 내는 물질로서 약 29년의 반감기를 가지며, 우리 건강에 문제를 일으킬 수 있습니다. 칼슘과 스트론튬은 2족 원소로서 비슷한 화학적 성질을 가지는데, 스트론튬이 몸속에 들어오면 뼛속의 칼슘 자리에 끼기 때문에 골수암의 원인이 되지요. 우리가 흔히 아는 원자 번호 53번인 방사성 요오드(^{131}I)는 약 8일의 반감기를 가지므로 비교적 덜 위험합니다. 반감기는 어떤 물질이 반으로 줄어드는 데 걸리는 시간으로서 반감기가 길수록 제거하기 어렵습니다. 이런 점에서 대체 에너지로 각광을 받던 원자력이 현재 크나큰 어려움에 처해 있습니다. 일본의 지진과 초대형 지진 해일에 의한 원자력 발전소 붕괴는 원자력 발전이 인류에 엄청난 재앙을 가져올 수 있다는 것을 보여 주기 때문입니다.

__ 선생님, 중국에는 원자력 발전소가 없나요?

매우 많습니다. 중국 원자력 발전소가 파괴될 경우 우리나라에 엄청난 재앙을 줄 가능성이 매우 큽니다. 대개 바람이 중국에서 우리나라로 불어오기 때문이지요. 봄에 부는 황사 바람이 대표적 예이지요. 몽골 사막에서 모래와 먼지들이 편서풍을 타고 우리나라에 날아와 심각한 피해를 주고 있지요.

__ 그러면 원자력 발전소를 세우면 안 되겠네요?

아닙니다. 원자력은 우리에게 매우 유익합니다. 다만 안전 관리를 잘하는 것이 중요하지요.

__ 그렇구나.

좋아요. 오늘은 이것으로 수업을 마치겠습니다. 이제 밖에 나가 핵융합의 산물인 공기를 맘껏 마시고 흙을 맘껏 만져 보세요. 여러분도 핵융합의 산물인 탄소, 산소, 질소, 수소에다 소량의 금속(나트륨, 칼륨, 마그네슘, 철, 아연 등)이 첨가되어 이루어졌다는 것을 상상해 보세요.

__ 예. 와!

선생님 그런데 금속은 어떻게 생겨 났을까요?

후후, 재미있는 질문이네요. 우선 원소들이 만들어진 건 약100억 년 전, 한 점에 불과했던 우주가 대폭발을 일으킨 빅뱅이라는 사건으로부터 시작했다고 해요.

빅뱅이 일어났을 때 생겨난 전자, 중성자, 양성자는 10만년이 흐르고 하나의 양성자와 전자가 뭉쳐 수소 원자가 되고 또 이들이 핵융합하여 헬륨을 만들게 됩니다.

아, 가벼운 비금속 원소는 그렇게 만들어 졌군요.

어서와~ 10만년만에 만나네.

양성자 전자 / 헬륨

그럼 다른 원소들은요?

네, 그 후 10억년 이상이 지나 수소와 헬륨 기체들이 천천히 모여들어 중력이 증가하면서 더 많이 모이게 되고 기체 농축이 일어나 내부의 온도가 올라가게 됩니다.

와 모여라 모여~

뭉치니까 더욱 모여드네.

내부 온도 상승

수소 헬륨

그리고 온도가 올라가자 곳곳에서 핵융합이 일어나고 핵이 점점 커지고 무거워져서 무거운 비금속 원소가 먼저 생겨났고 핵융합이 더 진행되어 무거운 원소인 금속들이 생겨나게 된 것입니다.

압력 / 비금속 원소 / 금속

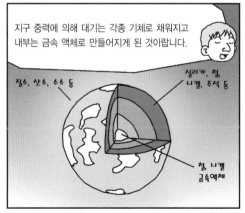

지구 중력에 의해 대기는 각종 기체로 채워지고 내부는 금속 액체로 만들어지게 된 것이랍니다.

질소, 산소, 수소 등

실리카, 철 니켈, 주석 등

철 니켈 금속액체

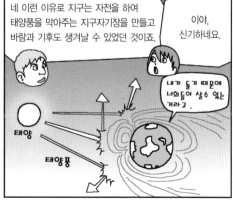

네 이런 이유로 지구는 자전을 하여 태양풍을 막아주는 지구자기장을 만들고 바람과 기후도 생겨날 수 있었던 것이죠.

이야, 신기하네요.

내가 돌기 때문에 너희들이 살수 있는 거라고.

태양

태양풍

3

금속은 어떤 **특성**을 가지고 있을까?

금속의 성질은 각기 다르지만 공통적인 것들도 있습니다.
그 특성은 무엇이며, 어떻게 생겨났을까요?

3

세 번째 수업

금속은 어떤 특성을
가지고 있을까?

오늘도 반가운 미소를 지으며
데이비가 교실로 들어왔다.

금속의 성질

　안녕하세요. 지난 두 번째 수업에서 우리는 금속이 어떻게 생겨났는지를 함께 배웠습니다. 재미있었나요?

　＿ 네. 시간 가는 줄도 모를 만큼 흥미로웠어요.

　좋습니다. 그럼 오늘 세 번째 수업을 시작하겠습니다. 여러분은 혹시 '까도녀'와 '완소남'이라는 말의 뜻을 아나요?

　＿ 예! '까도녀'는 까다로운 도시형의 여자를, '완소남'은 완전히 소중한 남자를 줄여 말하는 것이죠.

맞습니다. 사실 나도 최근에야 그 뜻을 알게 되었지요. 우리는 낯선 사람을 만나 새로이 사귈 때, 상대의 행동, 생김새와 여러 가지 성질들을 연관 지어 상대를 생각하려 합니다. 그 사람의 특징을 꼬집어 내어 별명도 짓게 되지요. 사람들은 서로 비슷하게 생긴 사람도 있고, 아주 다른 사람도 있습니다. 나라와 지역, 인종마다 독특하고 고유한 문화와 언어 특성을 갖는 것과 같은 문제지요. 물론 같은 민족과 인종이라도 제각각 조금씩 다릅니다. 남녀의 성과 나이에 따라 다르기도 하고요. 마찬가지로 금속도 성질이 다양합니다. 공통적인 성질도 있고 다른 성질도 있습니다. 그렇다면 금속의 공통적 특성은 어떻게 생겨났을까요?

― …….

저런, 첫 번째 수업 시간에 배웠는데 벌써 잊어버린 것 같네요. 다름 아닌 금속 결합 때문이지요.

― 맞다. 이제 생각났어요.

이제 금속 결합에 대해 설명할 테니 잘 들으세요. 금속 원자들은 각자가 가진 원자 궤도들을 서로 공유하여 공통의 원자 궤도를 가진 거대 집단을 이룹니다. 각 금속 원자들은 궤도에 있는 전자들을 내놓아 공유함으로써 단단한 금속 결합을 이루는 것이지요.

이러한 금속 결합으로 금속 표면이 반짝거리기도 하지요. 전자가 채워진 맨 위 원자궤도띠(즉, 원자가띠)와 전자가 채워지지 않은 맨 아래 원자궤도띠(즉, 전도띠) 사이 간격을 금지띠라 부르는데, 금속은 이 금지띠가 없거나 매우 작습니다. 이 때문에 금속의 전도성이 생기는 것이지요. 이보다 금지띠가 더 넓어지면 반도체가 되고, 매우 넓어지면 부도체(절연체)가 됩니다. 반도체는 넣어 주는 불순물에 따라 양성형(P형), 음성형(N형)으로 나뉘며, 이들을 붙여 놓은 것을 트랜지스터라고 부릅니다.

그런데 금속 원자들이 모이는 크기 정도(나노미터 10^{-9}m, 마이크로 미터 10^{-6}m, 밀리미터 10^{-3}m)에 따라 금속의 물리적 특성이 다를 수도 있습니다. 금속의 공통적 특성에는 무엇이 있을까요?

__ 고체 금속은 보통은 딱딱한 성질을 지니고 열과 전기를 아주 잘 통합니다. 잘 늘어나며, 합금을 잘 형성하고, 고유의 광택이 있어 반짝거립니다.

맞습니다. 혹시 고체가 아닌 금속을 아나요? 빙긋이 웃는 수철이가 답을 아는 것 같네요. 무엇일까요?

__ 수은입니다.

맞습니다. 상온에서 액체로 존재하는 금속은 수은이 유일합니다.

＿ 그런데 선생님, 수은은 왜 둥근 공 모양을 하고 있으며, 서로 뭉치면 쉽게 더 큰 구를 이루나요?

좋은 질문입니다. 바로 표면 장력 때문에 수은은 둥근 공 모양을 이룹니다. 표면 장력은 액체와 기체가 경계를 이룰 때, 액체 쪽의 밀도가 기체 쪽보다 월등히 커서 서로 끌어당기는 힘의 차이가 생겨 경계 면에 생기는 힘을 말하지요.

표면 장력이 큰 물질은 표면을 최소한으로 작게 유지하려는 경향이 있어서 표면이 둥글어 집니다. 표면 장력으로 인해 이슬방울이나 비눗방울이 둥근 모양을 하고 있으며, 소금쟁이가 수면에 떠 있을 수 있습니다. 수은 방울은 표면 장력이 크므로 서로 당겨서 하나의 큰 구를 이루어 표면을 줄이고자 하는 경향이 큰 것이지요.

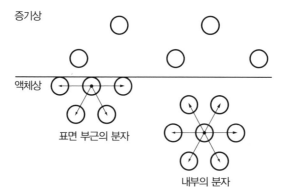

표면장력 : 분자간의 인력과 표면의 분자

표면 장력으로 인해 이슬방울이 둥근 모양을 이루고,
소금쟁이는 물 표면위에 뜰 수 있지요.

　그런데 선생님, 수은 온도계가 깨지면 왜 위험하다고 하나요?

수은은 쉽게 휘발하여 증기화되는데, 우리가 호흡할 때 이것이 쉽게 우리 몸속으로 들어와 체내에 쌓여 독성을 유발하고 신경 세포를 죽이기 때문입니다.

　그렇군요. 그럼 쏟아진 수은은 어떻게 제거하나요?

우선 큰 입자들은 비로 쓸어 모아 병에 넣은 후에 뚜껑을 닫아 보관합니다. 매우 작은 입자들은 유황을 뿌려서 하루 뒤에 비로 쓸어 담아 따로 병에 담아 보관해야 합니다. 수은은 어떤 용도로 많이 사용될까요?

　…….

조금 어려운 질문인가요? 그러면 선생님이 설명하지요. 수은은 아말감 합금을 만드는 데 사용되며, 아말감은 치과에서 충전재로 사용됩니다. 또한, 금광에서 금을 골라내는 데 사용되기도 하지요. 수은은 금과 합금을 잘 만들기 때문입니다.

독극물인 청산가리(KCN)도 금을 추출하는 데 사용됩니다. 이런 이유로 아프리카와 남미 나라들에서 금광 주위의 호수가 죽어가고 있습니다. 또한 많은 사람들이 수은 중독에 걸려 병을 앓고 있습니다. 수은은 한번 중독되면 체내에 쌓이고, 사람들의 유전자에 영향을 미쳐서 기형아를 낳게 됩니다. 미나마타병도 수은 중독으로 생기는 병이지요. 어린 아이들이 금광에서 금을 캐다 수은 중독으로 인한 불치병으로 죽기도 합니다.

옛날 중국 진나라의 진시황은 이 수은을 고려 산삼과 함께 불로장생약으로 오인하여 마시다가 신경이 마비되어 결국에는 미쳐 죽었다고 전해집니다.

__ 그럼 수은은 나쁜 영향만을 미치나요?

그렇지는 않습니다. 여러분도 잘 아는 수은 온도계 제조에도 사용하고, 도장밥인 인주 제조에도 사용하지요.

__ 선생님, 금속은 대개 섭씨 몇 도에서 녹나요?

얼음이 녹아 물로 변하듯이 모든 금속은 녹는점(혹은 융점)을 가지고 있습니다. 녹는점 이상의 온도가 되면 금속은 녹

수은을 불로장생약으로 오인한 진시황

아 액체 상태로 변합니다. 예로, 수은은 −39℃, 텅스텐은 3407℃, 우라늄은 1132℃, 마그네슘은 650℃, 구리는 1085℃, 알루미늄은 660℃, 납은 323℃, 리튬은 181℃, 금은 1065℃, 은은 961℃에서 녹습니다. 금속 중에서 수은의 녹는점이 제일 낮고, 납은 낮은 편이며, 텅스텐이 제일 높습니다. 이런 이유로 납은 납땜에 사용되고, 텅스텐은 백열전구 필라멘트로 사용됩니다.

희토류 금속들(란탄족, 악티늄족)은 성질이 비슷하고 녹는점도 차이가 많이 나지 않아 분리가 어려우며 매장량도 적어 값이 매우 비쌉니다. 우리가 사용하는 핸드폰에도 소량이지

만 희토류 금속과 귀금속(금, 백금, 팔라듐)이 들어갑니다. 컴퓨터나 핸드폰 배터리에는 리튬(Li) 금속이 꼭 들어가야 하지요. 세계 70억 인구의 1/3 가량이 핸드폰, 컴퓨터 및 자동차를 사용하며, 이것을 3년에 한 대씩 교환한다면 희토류 금속이 엄청나게 사용될 것입니다.

__ 우리나라에는 그런 금속 자원이 없나요?

물론 있지만 매장량이 적습니다. 희토류 금속의 세계 매장량 상당 부분이 중국에 묻혀 있어서, 중국은 이를 이용해 세계를 상대로 큰소리치며 무기화하고 있지요. 요즈음은 광물이 돈이자 무기이기도 합니다. 안타깝게도 우리나라는 상대적으로 광물 자원이 별로 없습니다.

__ 그러면 사용하고 버리는 핸드폰에서 희귀 금속들을 다시 뽑을 수는 없나요?

준이가 훌륭한 질문을 하였군요. 전 세계적으로 그런 추출 재생 사업이 활성화되고 있지요. 그러나 아직은 재생률이 1% 이내밖에 안 된답니다. 전 세계 매장량은 한계가 있으므로 새로이 지하에서 캐내기보다는 재생 추출 사업에도 힘써야겠습니다.

주요 산업별 희귀 금속 분류표

구분	적용 분야	투입되는 희귀 금속
디스플레이	액정 패널	인듐, 주석
	구동 모듈	몰리브데넘
	외장 프레임	마그네슘
	광원(LED)	갈륨, 비소
휴대 전화	안테나	니켈, 티탄, 붕소
	액정 화면	인듐
	발광 다이오드 · 반도체	갈륨
	콘덴서	탄탈, 스트론튬
	마이크 · 스피커	네오디뮴, 사마륨, 지르코늄
	본체	안티모니
	커넥터	베릴륨
	전지	리튬, 코발트, 망가니즈, 니켈, 희토류
자동차	내연 자동차	백금, 갈륨
	하이브리드 자동차	디스프로슘, 리튬
	전기 자동차	네오디뮴, 마그네슘
	연료 전지 자동차	백금, 팔라듐

__ 그런데 땅속에만 희귀 금속들이 묻혀 있나요?

아닙니다. 물론 대부분 지하 광맥에 있지만, 우리 주변에

있는 황토, 천일염, 몽골에서 날아오는 황사에도 적지 않은
양이 섞여 있지요.

황토 내 금속

희귀 금속류 지하자원이 깊은 땅속에만 묻혀 있는 것은 아
닙니다. 우리 조상님들이 예부터 많이 사용하신 황토에도 있
습니다.

__ 황토는 우리나라에만 있나요?

아닙니다. 황토는 우리나라와 같은 온대 지역과 사막 주변
부에 나타나는 반건조 지역에 가장 넓게 분포하며, 지표면의
약 10%를 덮고 있습니다. 일반적으로 황토는 비옥한 토양으
로 덮여 있어 농사 짓기에 적합합니다.

__ 선생님, 왜 황토 색이 적황색인가요? 적색도 있나요?

좋은 질문입니다. 철분이 있기 때문입니다. 철분이 더 많아
지면 홍토가 되기도 하지요. 홍토는 중국 남부 운남성 지방
과 베트남에 많이 분포합니다. 홍토는 심하게 풍화되어 황토
에 비해 규산염 광물이 부족하거나 없고 산화철과 산화알루
미늄이 풍부한 적색 토양을 말합니다. 이 홍토로부터 철과 알

중국 운남성 홍토 지역

루미늄(Al)을 뽑아내기도 합니다.

__ 황토는 무엇으로 이루어졌나요?

황토는 50~60%의 이산화규소(SiO_2), 8~12%의 산화알루미늄(Al_2O_3), 2~4%의 산화철(Ⅲ)(Fe_2O_3), 약 1%의 산화철(Ⅱ)(FeO), 약 0.5%의 산화타이타늄(TiO_2)과 산화망가니즈(MnO), 4~16%의 석회(CaO), 2~6%의 산화마그네슘(MgO)과 같은 비율로 대개 이루어져 있습니다. 여기에 탄산염들은 황토 내에 여러 가지 형태로 존재합니다.

황토는 볏짚과 함께 옛 우리 선조들이 황토 초가 움막집을 짓는 데 많이 사용되었으며, 옹기와 사기를 만드는 데에도 널리 사용되었습니다. 특히 우리나라 전남 무안-함평 지역,

경남 산청, 진주-삼천포, 경주-울산 지역의 황토가 유명합니다.

소금 내 금속

황토뿐만 아니라 바닷물과 천일염 소금에도 금속 성분이 많이 존재합니다. 바닷물에는 어떤 물질이 가장 많을까요?

__ 물과 소금이오.

맞습니다. 물이 대부분을 차지하지요. 물 외에 금속 성분으로는 나트륨(Na), 칼륨(K), 마그네슘(Mg) 등이 많이 존재하며, 기타 리튬(Li), 루비듐(Rb), 요오드(I), 바륨(Ba), 인듐(In), 알루미늄(Al), 철(Fe), 아연(Zn), 몰리브데넘(Mo), 텅스텐(W), 우라늄(U), 토륨(Th), 라듐(Ra), 라돈(Rn), 구리(Cu), 비소(As), 니켈(Ni), 코발트(Co), 망가니즈(Mn), 바나듐(V), 티탄(Ti), 지르코늄(Zr), 하프늄(Hf), 란타넘(La), 네오디뮴(Nd) 가돌리늄(Gd), 유로퓸(Eu), 주석(Sn), 안티몬(Sb), 세슘(Cs), 셀레늄(Se), 이트륨(Y), 카드뮴(Cd), 수은(Hg), 납(Pb) 등 무수히 많은 종류의 금속들이 적은 양으로 들어 있습니다.

── 이제 보니 천일염은 비타민이기도 하고 광산이기도 하네요.

맞습니다. 다만 각 성분의 양이 적고, 여러 가지 종류의 금속들이 섞여 있어서 분리해 내는 데 많은 돈이 들어가므로 아직은 본격적으로 추출분리 작업이 이루어지지 않고 있습니다. 다만, 리튬의 경우 값이 매우 비싸고 지하 매장량이 적으므로 바닷물과 호수 물에서 리튬 금속을 분리하는 기술이 개발되고 있지요.

그러면 소금은 무슨 성분으로 이루어져 있을까요?

── 저요, 저요.

저기 손든 우성이 답해 보세요.

── 염화나트륨과 염화칼륨이 주성분이고, 간수라고 불리는 염화마그네슘($MgCl_2$)이 포함되어 있습니다. 물론 위에 언급한 금속 성분들이 극미량 포함되어 있고요.

아주 잘 알고 있군요. 맞습니다.

── 천일염은 짜기만 한가요?

명숙이는 어떻게 생각해요?

── 짜기만 할 것 같은데요?

물론 짠맛이 주를 이루지만 간수가 섞여 있으면 쓴맛 또한 납니다. 그래서 천일염의 경우 쓴맛의 간수가 빠지도록 소금을 장기간 저장합니다. 이렇게 얻어진 간수는 맛이 쓰지만 두부 제조에 사용되며, 마그네슘 금속을 얻는 데 사용됩니다.

＿ 소금 없이 사람이 살 수 있나요?

아닙니다. 소금은 사람이 살아가는 데 꼭 필요합니다.

＿ 동물도 소금을 먹나요?

동물들은 흙이나 먹이에서 소금 성분을 섭취합니다.

＿ 그러면 많이 먹어도 되나요?

아닙니다. 소금을 지나치게 섭취하면 혈압이 올라가서 생명이 위험하게 됩니다. 순수한 염화나트륨 대신 염화칼륨을 혼합한 소금을 먹으면 건강에 덜 해롭습니다. 물론 당뇨병이나 혈압이 낮은 사람은 조심하여야 하지요. 칼륨은 혈압을 내리고 심장 박동에 영향을 주는 부작용이 있기 때문입니다. 무엇이든 적절한 양을 섭취하여야 합니다.

황사 내 금속

황사로 우리나라는 매년 심각한 피해를 입습니다. 황사란 무엇인가요?

＿ 황색 모래바람입니다.

그렇다면 황사는 어디서 어떻게 날아오며 무엇이 포함되어 있을까요?

　— …….

　앞서도 말했지만 다시 한번 선생님이 설명하지요. 황사란 매년 3~4월 봄에, 중국이나 몽골 등 아시아 대륙의 중심부에 있는 사막과 황토 지대의 작은 모래나 황토 또는 먼지가 하늘에 떠다니다가 상층기류를 타고 수십~수백km 날아가 떨어지는 현상을 말합니다. 마그네슘·규소·알루미늄·철·칼륨·칼슘 같은 이로운 금속 산화물도 포함되어 있지만, 공장 지대에서 배출된 납, 카드뮴, 크롬, 주석, 니켈, 비스무트, 수은 등 해로운 중금속이 많이 포함되어 있습니다. 이로운 금속 산화물이 토양 성질을 바꾸어 주는 좋은 효과도 있지만, 미세 먼지 때문에 생물이 호흡기 질환을 일으키고 중금속으로 인해 농작물에 나쁜 영향을 주기도 합니다. 또한 매연 물질인 질소 산화물(NO_X)과 이산화황(SO_2)이 섞여 있으므로 스모그와 산성비를 뿌리기도 합니다.

　— 그렇구나. 이제 황사에 대해 잘 알게 되었네요.

과학자의 비밀노트

스모그와 산성비

스모그(smog)란 연기(smoke)와 안개(fog)의 합성어로 공장이나 자동차, 가정의 굴뚝에서 나오는 매연 물질들(예 : 이산화황, 산화질소, 일산화탄소)이 안개 형태로 떠 있는 있는 상태를 말합니다. 다음의 두 가지 스모그가 있다고 알려져 있습니다.

– 런던형 스모그 : 공장 굴뚝에서 배출되는 매연, 가정 난방의 배기 가스 등이 주요 원인이며 매연, 이산화황, 일산화탄소 등이 안개와 섞이면서 만들어집니다. 이산화황은 허파나 기도에 손상을 주어 호흡기 질환을 일으키며 일산화탄소는 산소 부족 현상을 일으킵니다.

– 로스앤젤레스형 스모그 : 자동차의 배기 가스 등에서 나오는 매연 물질인 산화질소와 탄화수소가 대기 중에서 태양 광선의 자외선과 화학 반응을 일으키면서 산화력이 큰 불안정한 물질이 생겨서 안개가 낀 것처럼 대기가 뿌옇게 변하는 현상을 말합니다. 눈과 목의 점막이 자극을 받아 따가움을 느끼게 되고 심할 때는 눈병과 호흡기 질환을 일으킵니다. 또한 식물의 성장을 방해하며, 삼림을 황폐화시키고, 자동차 타이어 등 고무 제품도 부식시켜 내구성을 떨어뜨립니다.

산성비(acid rain)는 매연 물질인 이산화황, 질소 산화물이 공기 중에서 산화되어 황산, 질산 형태로 빗물에 섞여 내리는 비를 말합니다. pH가 2~4 정도로 산성이 강합니다. 토양과 호수 물을 산성화시켜서 나무가 고사하고 물고기가 죽습니다. 대리석이 산성과 반응하여 녹음으로써 대리석 건물, 석조 예술품 등이 피해를 입으며, 금속 물질들이 녹슬어 망가집니다.

화산재와 온천물 내 금속

화산 폭발은 왜 일어날까요?

__ 지구 속이 엄청 뜨겁기 때문입니다. 풍선에 힘이 가해지면 터지는 것과 비슷한 원리이지요.

지구 내부에는 암석과 금속 산화물들이 녹아 있는 상태인 마그마가 존재합니다. 지각(지구 단층)이 마치 뜨거운 죽 위에 떠 있는 것과 같아서, 지구 단층대의 충돌로 인해 지진 활동이 일어나고 마그마와 가스가 화산 아래 모였다가 압력의 증가로 결국은 폭발합니다.

__ 화산이 터질 때 무엇이 나오나요?

용암(바위가 녹은 마그마), 화산재(유리, 암석), 이산화황과 같은 독성 가스가 나오지요. 여기에는 용암에 녹아 있는 금속(철, 니켈, 우라늄 등)과 다이아몬드가 포함되어 있지요.

__ 하와이, 제주도, 백두산이 화산 폭발로 생겼다고 들었습니다.

맞아요. 하와이 섬은 아직도 화산 활동이 활발하며, 백두산은 현재 휴화산이지만 곧 터질 수도 있다고 합니다. 제주도는 화산 활동이 전혀 없습니다.

　＿ 일본은 한국에 비해 화산 폭발과 지진이 자주 일어나는데 그 이유는 무엇인가요?

　일본이 활발한 지진대에 속하고 단층 작용선 위에 있기 때문입니다. 그래서 일본에 온천이 많습니다. 원숭이까지도 온천을 즐기곤 하니까요.

　온천에는 게르마늄, 라듐, 탄산염, 황산염, 규산염, 붕산염, 철분, 황 등이 녹아 있어 피부병 치료에 탁월합니다. 이밖에도 나트륨, 칼슘, 마그네슘, 칼륨, 리튬 등도 녹아 있지요. 오늘은 금속의 특징에 대해 알아봤는데요, 여러분도 배운 내용을 복습하고 이해가 잘 안 되는 부분은 다음 수업 시간에 질문하세요. 자, 오늘 수업 마칩시다. 반장!

＿ 모두 차렷. 선생님께 경례. 선생님, 감사합니다.

다음 시간에 만납시다.

박사님, 이런 여러 종류의 금속들은 어떤 특성이 있을까요?

금속은 종류마다 특성이 다르지만 모두 금속결합을 하고 있기 때문에 공통적인 특성을 가지고 있어요.

고유의 광택이 있고 연성 및 전성이 풍부하며 열과 전기를 잘 통한다는 특징이 있죠. 그리고 수은을 제외하면 모두 고체로 되어있죠.

그런데 수은은 왜 이렇게 둥글둥글 모여 있나요?

그건 액체와 기체가 경계를 이룰 때 액체 쪽의 밀도가 기체 쪽 보다 월등히 커서 서로 끌어당기는 힘의 차이 때문에 경계면에 생기는 힘 때문인데 이를 표면장력이라고 하죠.

나는 표면장력으로 물위에 떠있지.

나는 표면장력 때문에 둥그란 모습을 하고 있어.

그런데 박사님 금속들은 땅속 광산에만 있는 건가요?

그렇지는 않아요. 우리 몸 속에도 있고 쉽게 볼 수 있는 황토 속에도 있어요. 이산화규소, 알루미나, 산화철, 이산화티탄과 산화망간 등이 들어있고 철 성분이 많아지면 붉은 홍토가 되기도 하죠.

실리카(SiO_2)	50~60%
알루미나(Al_2O_3)	8~12%
산화철(Ⅲ)(Fe_2O_3)	2~4%
산화철(Ⅱ)(FeO)	약 1%
이산화티탄(TiO_2), 산화망가니즈(MnO)	약 0.5%
석회(CaO)	4~16%
산화마그네슘(MgO)	2~6%

또 천일염에도 많은 금속 성분이 들어 있는데 양이 적고 많은 종류가 섞여 있어요. 그 중 리튬은 비싸고 매장량이 적어 분리하는 기술이 개발되고 있지요.

소금이 광산이었군요.

천일염

그 외에도 중국에서 불어오는 황사나 화산재와 온천물에도 금속이 들어 있답니다.

많은 곳에 숨어 있었네요.

황사

화산재

온천

4

금속의 화학 반응과 촉매 작용

4

네 번째 수업

금속의 화학 반응과
촉매 작용

금속을 한아름 안고 교실로 들어온
데이비가 네 번째 수업을 시작했다.

금속의 존재비

안녕하세요. 벌써 네 번째 수업이 시작되었군요. 여러분은 첫 번째 수업 시간에 금속과 금속 결합이 무엇인가를, 그리고 두 번째 수업 시간에 금속이 빅뱅으로 어떻게 생성되었나를, 세 번째 수업 시간에는 금속의 특성에 대해 자세히 배웠습니다. 본격적인 수업에 들어가기에 앞서 여러분은 다윈의 진화론에 대해 알고 있나요?

__ 원숭이가 사람으로 변한 것을 설명하는 이론이지요?

글쎄요. 어려운 내용이니 내가 간단히 설명하지요. 다윈은 1859년에 출간한 자신의 기념비적 저서 『종의 기원』에서 생물은 하등 생물에서 고등 생물로 '자연 선택'과 '생존 경쟁'에 의해 진화한다고 주장하였습니다. 우리 인간은 아메바와 같은 하등생물에서 차츰 진화하여 개구리와 같은 양서류를 거쳐, 원숭이와 같은 유인원으로부터 분리되어 오늘날의 인간이 되었다고 설명하였지요.

__ 그러면 원숭이가 우리 인간의 직접 조상입니까?

다들 그렇게 알고 있지만 사실이 아닙니다. 우리 조상은 유인원과 다른 방향으로 진화하였으므로 현생 인류가 우리 조상이지 유인원이 우리 조상이 될 수 없겠지요.

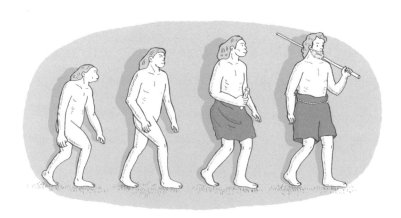

인류의 진화

우리가 지금 배우고 있는 금속은 생명이 있는 생물과 달리 진화할 수 없습니다. 다만 오랜 기간에 걸쳐 핵끼리 서로 붙는 핵융합을 통해 가벼운 비금속에서 가벼운 금속이 생겨났고, 또 가벼운 금속에서 무거운 금속이 생겨났다고 앞서도 설명했습니다.

이처럼 다양한 핵반응을 통해 여러 가지 원소가 생겨나게 되었고 자동적으로 우주의 별에 존재하는 금속의 비율이 달라지게 되었습니다.

앞서 배웠다시피 지구 대기에 가장 많이 존재하는 원소는 질소(N)이고 다음은 산소(O)입니다. 그렇다면 지구의 지각에 가장 많이 존재하는 원소는 무엇일까요?

태양광 발전

＿ 산소입니다.

맞습니다. 그러면 두 번째로 많이 존재하는 원소는?

＿ ……．

바로 규소(Si)입니다. 바위와 모래들이 이산화규소(SiO_2)로 이루어진 것으로 알 수 있습니다. 규소는 반도체 제조와 태양광 발전에 꼭 필요한 원료입니다. 또한 유리와 광통신용 섬유를 제조하는 원료이고, 석영을 이루는 물질입니다.

그러면 지각에 가장 많이 존재하는 금속은 무엇일까요?

＿ ……．

어렵죠? 알루미늄(Al)입니다. 다음으로 철과 칼슘, 그리고 나트륨과 마그네슘, 칼륨, 티탄 순으로 많이 존재합니다. 지구 내부에는 철이 액체 상태로 가장 많이 존재합니다.

도금의 원리

여러분, 도금이란 무엇일까요?

＿물체 표면을 덮은 얇은 금속 막을 말합니다.

맞습니다. 그러면 구리(Cu)판에 철(Fe) 도금을 입힐 수 있을까요?

__ 가능할 것 같은데요.

틀렸습니다. 거꾸로는 가능합니다. 즉, 철판에 구리 도금을 입히는 것은 가능합니다.

__ 그 이유가 무엇인가요?

모든 금속은 특성상 전자를 잃고서(즉, 산화가 되어서) 이온으로 되려는 경향이 있습니다. 금속마다 전자를 잃으려는 경향성에는 차이가 있지만요. 자신의 전자를 내어 주어 산화되려는 경향, 즉 '금속의 활동도'가 큰 것부터 작은 것 순서로 나열하면 다음과 같습니다.

$$Li > K > Na > Mg > Al > Zn > Fe > Cd > Pb > V > Ni > H > Cu > O > Hg > Ag > Au$$

이 순서는 과학자들이 실험을 통해 발견하였지요.

활동도가 큰 금속(즉, 산화가 잘 되는 금속, 전자를 잘 잃어 이온으로 잘 되는 금속)은 자신이 잘 산화되므로 남을 잘 환원시켜 환원제로 쓰입니다. 반대로 자신의 전자를 잘 잃지 않는 활동도가 작은 금속(즉, 환원이 잘 되는 금속, 전자를 잘 얻어서 이온으로 잘 되지 않는 금속)은 자신이 잘 환원되므로 남을 잘 산화시켜 산화제로 쓰입니다. 여러분도 잘 알다시피 활동도가 매우 작은 금과 은은 산화가 거의 일어나지 않아서 안정적이며 매장량도 적어서 귀금속으로 사용됩니다.

이제 도금의 원리에 대해 설명하지요. 도금은 활동도가 큰 금속판에 활동도가 작은 금속의 막이 생성되는 것입니다. 예

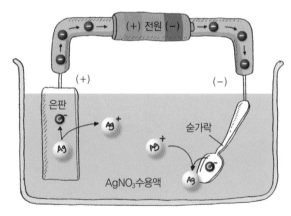

숟가락을 은으로 전기 도금하는 장치

를 들어 철판 위에 금을 도금시킬 때, 철판을 금 도금액에 담그면 철 표면은 전자를 잃고 산화되어 녹아들어 가고, 대신 금 이온들은 그 전자를 얻고 환원되어 석출됨으로써 철판 위에 얇은 막으로 도금됩니다. 이러한 원리로 금으로 도금된 금 도금 시계가 생산되는 것이지요.

이러한 금속의 활동도 차이를 활용하여 전지(혹은 '배터리'라고도 부름)도 생산되는 것이지요. 전기는 전자의 흐름이므로 활동도가 큰 금속이 전자를 내놓고 활동도가 작은 금속이 그 전자를 받아들임으로써 전자의 순환(즉, 전기)이 일어나게 설계된 것입니다. 전지가 없다면 우리는 무거운 발전기를 늘 가지고 다녀야 합니다. 다행히 작고 기전력이 큰 전지들이 개발되어 우리 일상 생활에 매우 편리하게 사용됩니다. 전지는 방전만 되는 일차 전지와 방전과 충전이 가능한 이차 전지가 있는데, 자동차, 컴퓨터, 핸드폰용 전지가 바로 이차 전지입니다. 이런 이차 전지들이 없다면 우리가 늘 곁에 두고 사용하는 전자 기기들을 사용할 수 없게 되지요.

금속의 촉매 작용

여러분, 촉매가 무엇일까요? 설명할 수 있는 학생은 말해 볼까요?

__ 촉매란, 적은 양으로 어떤 반응을 효과적으로 빨리 일어나게 해 주는 물질입니다.

그러면 어떤 반응을 느리게 일어나게 하는 것은 촉매가 아닐까요?

__ …….

반응 속도를 느리게 해 주는 것도 당연히 촉매라고 부릅니다. 다만 어떤 반응을 빨리 일어나게 해 주는 것을 정촉매, 느리게 일어나게 해 주는 것을 부촉매라고 부릅니다. 그렇다면 촉매는 반응 후에 사라질까요? 아니면 다시 살아날까요?

__ 다시 살아날 것 같은데요.

맞습니다. 촉매는 적은 양으로 반응에 참여하며, 반응물이 생성물로 바뀌는 과정을 빠르게 혹은 느리게 일어나게 도와주고, 몇 번이고 다시 살아나는 물질입니다. 물론 촉매에 따라 부활하는 횟수와 과정이 다르지만 말입니다.

쉬운 예를 들어 촉매의 역할을 설명하지요. 반응물들끼리

정촉매에 의한 활성화 에너지 변화

부촉매에 의한 활성화 에너지 변화

촉매와 활성화 에너지

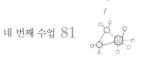

충돌하여 반응이 일어나 생성물로 되기 위해서는 반드시 넘어야 할 에너지 언덕이 있습니다. 이를 '활성화 에너지' 라고 부릅니다.

정촉매는 이 언덕을 낮게 해 주어 반응이 빨리 일어나게 해 주고, 부촉매는 이 언덕을 더 높게 해 주어 반응이 천천히 일어나게 해 주는 것입니다. 사람들이 등산할 때 언덕이 낮은 산은 쉽게 넘어가고, 언덕이 높은 산은 매우 힘들게 천천히 넘어가는 것과 비슷한 원리이지요.

그렇지만 촉매는 반응물과 생성물의 종류와 양을 바꾸지는 못합니다. 다만 반응의 속도만 변화시키는 것이 촉매의 역할입니다.

__ 반응 속도를 빠르게 해 주는 것은 이해되지만, 반응을 오히려 더 느리게 하는 이유는 무엇인가요?

반응이 너무 빨리 일어나게 되면 반응 과정을 조절하기 어려우므로 일부러 속도를 느리게 하여 생성물의 양과 종류를 조절합니다.

자, 그러면 촉매에는 어떤 종류가 있을까요? 준이가 한번 말해 보세요.

__ 선생님께서 설명하신 정촉매와 부촉매가 있고요, 그리고 천연적으로 생물체 내에서 만들어지는 생화학 물질인 효

소와 인공적으로 합성되는 화학 물질인 촉매가 있습니다. 효소는 작용 속도가 촉매보다 훨씬 빠르고 작용 과정도 훨씬 더 정교하지요.

맞습니다. 효소의 작용은 한 치의 오차도 없이 빠르고 정밀하게 일어납니다. 그러지 않으면 생물체가 생명 현상을 이어 갈 수가 없겠지요. 우리 인체 내에 있는 수천 개의 효소가 한 치의 실수도 없이 정교하게 제 역할을 수행하므로 우리는 하루하루를 열심히 편안하게 살 수 있지요. 그러면 사람마다 효소 수가 모두 같을까요?

__ 사람마다 가지고 있는 효소의 수는 다를 것 같습니다.

맞습니다. 하지만 사람들이 가진 효소의 종류와 수는 거의 일정합니다. 다만 부모님으로부터 물려받은 유전적인 이유로 몇 가지가 결핍되어 고생하는 사람들이 있지요. 예로, 우유를 소화시키는 효소가 없어서 우유만 먹으면 설사를 하는 사람이 있고, 알코올을 잘 분해하지 못해서 술을 마시면 곧바로 얼굴이 빨개지는 사람이 있습니다. 그 특정 물질을 분해시키는 효소가 몸속에 없어서 질병으로 고생하는 사람도 있지요.

촉매에는 촉매가 용매에 녹아 작용하는 균일 촉매와 용매에 녹지 않고 작용하는 불균일 촉매가 있습니다. 불균일 촉매는 용매에 녹지 않으므로 나중에 생성물과 촉매 간 분리가 쉬워서 정제가 간편하며, 촉매를 새 것으로 교환하기가 쉽습니다. 이에 비해 균일 촉매는 생성물로부터 촉매를 분리하기 어렵고 촉매를 새것으로 갈아 끼우기도 어렵습니다. 그러나 반응이 촉매 전체와 골고루 일어나므로 촉매의 효율은 더 높습니다. 이에 비해 불균일 촉매의 경우 촉매가 용매에 녹지 않으므로 촉매 표면에서만 반응이 일어납니다.

그러면 이러한 촉매는 인류에 어떤 영향을 미쳤을까요?

__ 물을 분해하여 수소와 산소를 만듭니다.

맞습니다. 빛을 이용하여 물을 분해하도록 촉매가 도와주는 것이지요. 식물의 광합성과 원리는 비슷합니다. 이에 사용되는 금속 광촉매가 다양합니다. 주로 백금(Pt)-로듐(Rh) 금속계 촉매가 사용됩니다. 최근에 질화갈륨(GaN)과 산화아연(ZnO)을 혼합한 분말에 기존의 화학적 금속 촉매를 섞어 만든 조합 촉매를 사용하면 물의 광분해 속도가 10배 이상 빨라진다는 연구 결과가 발표되기도 했습니다. 이 촉매로 제조된 수소를 사용하는 자동차는 공기로 연소하면 차가 움직이며, 배기 물질이 물이므로 공해가 전혀 없게 되지요.

또 다른 예로, 화약 및 비료 제조에 많이 쓰이는 황산(H_2SO_4)은 오산화바나듐(V_2O_5) 촉매를 사용하여 제조됩니다. 이 촉매를 사용하여 이산화황(SO_2)을 삼산화황(SO_3)으로 산화시키며, 이 삼산화황을 순도 95% 정도의 황산에 흡수시키면 농도가 진한 황산이 되지요.

＿ 촉매를 이용해 물을 분해해서 자동차가 달리다니, 참 신기하네요.

비료와 폭약 제조 원료로 많이 사용되는 암모니아(NH_3) 기체는 촉매로 철을 이용해 질소(N_2)와 수소(H_2) 기체를 반응시켜 제조합니다. 이 반응은 1909년에 독일 화학자 하버(Friz Haber, 1868~1934)가 발견하였고 이 연구로 하버 박사는 1918년에 노벨 화학상을 받았지요.

이제 자동차를 잘 달리게 하려면 무엇이 필요할까요? 저기 뒤에 앉은 동준이가 한번 말해 보세요.

＿ 좋은 자동차와 고급 휘발유가 필요합니다.

맞습니다. 좋은 자동차는 엔진의 성능이 중요하고, 연료인 휘발유의 품질도 좋아야 하지요. 과거에는 휘발유 정유 기술이 부족하여 저급 휘발유를 사용한 결과 자동차 연비가 좋지 않았지요. 1940년에 미국 스탠다드오일 회사가 몰리브데넘 금속계 촉매를 사용하여 휘발유를 개질하여 고급 휘발유로 만들었고, 이것은 자동차, 탱크와 비행기 연료로 널리 사용되고 있지요. 휘발유의 등급은 옥탄가로 정하는데, 탄화수소 물질인 노르말 옥탄(n−octane)과 이소옥탄(isooctane)을 100으로 정하고 다른 연료들의 옥탄가를 매기죠. 높은 옥탄가의 연료는 엔진 내 전기 스파크와 함께 연료와 공기 혼합물의 폭발이 이루어져서 출력이 크므로 고급이지요.

__ 자동차 머플러의 역할은 무엇인가요?

엔진에서 연료 기체가 연소하여 폭발할 때 소음이 크므로 이 소음을 줄여 주고, 배기 가스에 섞여 있는 질소 산화물(NO_X)과 이산화황(SO_2)과 같은 오염 물질을 제거해 주지요. 이런 오염 물질을 제거할 수 있는 백금(Pt), 로듐(Rh), 팔라듐(Pd) 등이 배기통에 담겨 있습니다.

오늘 금속의 존재비가 왜 다른지에 대해, 또 도금의 원리와 금속의 다양한 촉매 작용에 대해 잘 공부하였지요?

__ 예.

모두들 오늘 배운 내용을 꼭 복습하길 바래요.

박사님, 지구엔 여러 종류의 금속이 있잖아요. 그런데 어떤 금속이 가장 많을까요?

대기에는 질소와 산소가 많고, 지각에는 규소와 이산화규소가 가장 많이 포함되어 있어요.

금속은 전자를 잃어 이온화 되려는 경향이 있는데 이 경향성을 금속의 활동도라고 부른답니다.

앞 쪽에 있을수록 활동도가 큰 금속이군요.

Li > K > Na > Mg > Al > Zn > Fe > Cd > Pb > V > Ni > H > Cu > O > Hg > Ag > Au

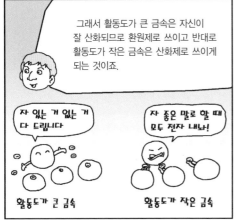

그래서 활동도가 큰 금속은 자신이 잘 산화되므로 환원제로 쓰이고 반대로 활동도가 작은 금속은 산화제로 쓰이게 되는 것이죠.

자 있는 거 없는 거 다 드립니다

활동도가 큰 금속

자 좋은 말로 할 때 모두 전자 내놔!

활동도가 작은 금속

그럼 또 금속은 화학적으로 어떤 성질이 있나요?

적은 양으로 어떤 반응을 효과적으로 빨리 일어나게 해주는 물질을 촉매라고 하는데 금속은 이런 촉매의 작용을 하기도 해요.

태양

빛

촉매

백금(Pt), 로듐(Rh)

물

수소

산소

그럼 촉매엔 어떤 것이 있나요?

천연적으로 생물체 내에서 만들어지는 효소와 인공적으로 합성되는 화학 물질인 촉매가 있는데 효소의 작용은 속도가 훨씬 빠르고 정교하게 일어난답니다.

이러한 이유로 몇 가지 효소가 없는 사람은 고생을 하는 경우가 있죠.

우유를 소화시키는 효소가 없어서 우유만 먹으면 설사함.

알코올 성분을 잘 분해하지 못 해 조금만 술을 마셔도 얼굴이 빨개짐.

5

금속은 인간에게
어떤 영향을 미칠까?

금속은 우리 몸 안에 많이 존재합니다.
금속은 우리 몸에 이로운 약일까요? 아니면 해로운 독일까요?

5

금속은 인간에게
어떤 영향을 미칠까?

데이비가 자신감에 찬 발걸음으로 교실을
들어서며 다섯 번째 수업을 시작했다.

인체 내 금속 원소의 종류와 양

안녕하세요. 지난 수업에서 우리는 금속의 도금 원리와 촉
매 작용에 대해 배웠습니다. 재미있었나요?

__ 네. 정말 흥미진진했습니다.

그럼 오늘 다섯 번째 수업을 시작하겠습니다. 우리 몸은 많
은 양의 단백질과 지방질이 살과 근육을 이루므로 탄소(C),
수소(H), 산소(O), 질소(N) 원소가 꼭 필요합니다. 그렇다면
우리 인체에 가장 많이 존재하는 원소를 아나요?

___ 산소(O)입니다.

맞습니다. 다음으로 많이 존재하는 원소는 무엇일까요?

___ 질소(N)요.

아닙니다. 탄소(C)입니다.

그러면 우리 인체에 가장 많이 존재하는 금속은 무엇일까요? 영희가 한번 답해 보세요.

___ 철(Fe)입니다.

영희는 아마 우리 몸의 중요한 구성 성분인 혈액의 헤모글로빈을 생각한 모양이군요. 하지만 정답은 우리 몸의 뼈를 이루는 칼슘(Ca)입니다. 그 다음으로 칼륨(K)>나트륨(Na)>마그네슘(Mg)이 많이 존재합니다. 칼륨과 나트륨은 세포 안팎에 존재하며 우리 몸의 항상성을 유지하고, 마그네슘은 ATP에 의한 에너지 대사에 관여합니다. 그렇기 때문에 현재 시판되고 있는 대부분의 생수에는 이들 4가지 금속 성분들이 주로 들어 있습니다. 우리 몸에는 그 외에 철, 코발트, 구리, 아연, 요오드, 셀레늄 등이 미량 존재합니다. 이들은 우리 몸에서 일부 빠져나가므로, 보충해 주기 위해서 적절한 음식을 골고루 들고 비타민제를 복용해야 합니다.

효소 내 금속의 작용

지난 수업 시간에 우리는 생체 내에서 촉매로 작용하는 효소에 대해 간단하게 배웠습니다. 이번 시간에는 좀 더 자세히 공부해 봅시다.

효소는 동식물과 인간의 세포에서 생성되는 단백질이며, 우리 몸에서 매우 중요한 역할을 수행합니다. 아미노산이 연결되어 단백질이 되며, 이 긴 1차원의 단백질 끈이 꼬여서 3차원 형태를 이룸으로써 효소로 작용합니다. 효소에는 기질을 받아들이는 주머니 같은 게 있습니다. 열쇠(기질)와 자물쇠(효소)라고 생각하면 되겠지요.

효소는 들어오는 기질을 단단하게 잡은 후에 결합을 끊거나 이어 기질을 변화시킵니다. 즉, 탄수화물을 당으로, 단백질을 아미노산으로, 지방을 글리세린과 트라이글리세라이드로 분해시키는 중요한 역할을 합니다.

__ 사람 몸속에는 효소가 몇 개가 있나요?

좋은 질문입니다. 우리 인체 내에서 작용하는 효소는 대략 2700여 종이며, 각각의 효소는 오로지 한 가지 종류의 작용을 합니다. 우리의 신체는 이러한 효소가 모두 존재해야만

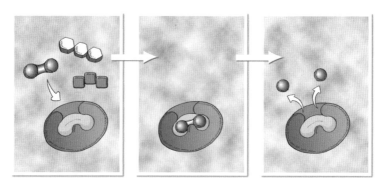

열쇠(기질)와 자물쇠(효소)의 관계처럼 효소는
활성 부위와 잘 맞는 기질과 결합해 작용하고 분리됩니다.

호흡, 성장, 혈액 응고, 소화, 감각 인지, 생식 작용 등의 다
양한 생명 활동을 영위해 나갈 수가 있습니다.

__ 효소의 종류를 말씀해 주세요.

효소는 크게 주효소와 조효소로 나눌 수 있습니다. 주효소
로는 열에 약한 단백질로만 구성된 리파아제(기름과 지방의
소화 및 분해), 셀룰라아제(섬유소의 소화 및 분해), 아밀라아제
(녹말의 소화 및 분해), 락타아제(유제품의 소화 및 분해), 프로
테아제(단백질의 소화 및 분해) 등이 있습니다. 조효소는 주효
소와 쉽게 분리되며 열에 강합니다. NAD, NADP, FAD,
비타민 B 등이 있으며, 보결족인 금속 이온(예 : Fe^{2+}, Zn^{2+},
Mg^{2+})을 필요로 합니다. 이 금속들이 촉매 반응에 관여하여
반응이 더 쉽고 간편하게 일어나도록 도와주지요. 물론 이

금속들은 우리 몸에서 만들어지지 않으므로 음식물 섭취를 통해서 우리 몸에 공급됩니다.

특히 이러한 효소들은 특정 효소가 특정 기질에만 작용하는 기질 특이성, 최적 온도(35~45℃), 최적 pH(효소마다 다름), 기질 농도에 따라 반응 속도가 다릅니다. 효소가 없이는 지구상의 어떤 생물도 생명을 유지할 수 없지요.

__ 사람이 직접 유용한 효소를 만들 수는 없나요?

물론 있습니다. 효소는 우리 주변에서도 많이 판매되고 있습니다. 과일을 발효시켜 효소를 만드는 간편한 방법을 살펴볼까요? 먼저, 과일을 잘 씻은 후 그늘에서 말려 물기를 제거합니다. 과일들은 씨앗을 모두 제서하고 큰 조각으로 자른 후에 설탕을 위아래로 듬뿍 뿌려 줍니다. 그리고 층층이 과일 조각들을 쌓아 갑니다. 씨앗은 때로 독성이 있으므로 미리 제거하는 것이 좋습니다. 병의 4/5까지 채운 후에 병마개를 달아 둡니다. 며칠 후에 거품이 일면서 설탕이 녹기 시작하면 잘 저어 줍니다. 이 과정을 이틀에 한 번씩 몇 차례 반복한 뒤에는 일주일에 한 번씩 이 과정을 반복합니다. 3달 후에 과일 조각들을 거른 액을 병마개로 잘 막은 후에 1년간 더 숙성시킵니다. 병마개를 열어 두면 금방 시어 버려 식초가 되므로 주의해야 하지요. 이후에 복용하면 건강에 아주 좋답니다.

__ 와! 효소를 담가 부모님께 드려야겠네요.

그러세요. 부모님들이 매우 기뻐하실 거예요.

헤모글로빈 내 철분

자, 이제 우리 몸속 혈액을 구성하는 성분 중에서 가장 중요한 적혈구 내 헤모글로빈에 대해 알아봅시다. 혈액은 우리 몸 세포 곳곳에 영양분과 산소를 나르며, 이산화탄소와 노폐물을 제거합니다. 또 우리 몸에 침입한 세균들을 죽이고 신체 온도를 유지함으로써 우리 몸의 건강 상태를 유지하는 데 매우 중요한 역할을 합니다. 혈액의 45%는 고체 성분인 혈구(적혈구, 백혈구, 혈소판)이고 나머지 55%는 액체 성분인 혈장으로 되어 있습니다. 혈장의 90%는 물입니다. 적혈구 내의 헤모글로빈에는 철(Fe)이 포함돼 있어 호흡에 관여합니다. 우리는 한순간도 호흡을 하지 않고는 살 수가 없습니다. 물 또한 우리가 매일 마셔야 하지요.

백혈구와 혈소판에 헤모글로빈이 있을까요?

__ 아니오, 적혈구에만 있습니다.

맞습니다. 백혈구는 병균을 잡아먹어 제거하며, 혈소판은

백혈구   혈소판

혈장

적혈구

혈액의 구성 요소

혈액을 응고시켜 상처를 보호하지요. 혈장은 담황색을 띠며 영양분과 노폐물을 나르지요. 백혈구는 뼛속이나 지라, 림프 샘에서 만들어지고 뼛속과 지라에서 파괴되며 수명은 20일 정도입니다. 혈액 $1mm^3$당 6000~8000개가 들어 있지요. 혈소판은 뼛속에서 만들어지고 간과 지라에서 파괴됩니다. 혈액 $1mm^3$당 20~30만 개가 들어 있지요.

그러면 우리 몸 속 혈액에는 몇 개 정도의 적혈구가 있을까요?

__1억 개 정도요?

그보다 훨씬 더 많습니다. 우리 몸의 혈액에는 약 30조 개의 적혈구가 존재합니다. 즉, 혈액 1mm³당 남자는 500만 개, 여자는 450만 개 정도 들어 있지요. 그러면 적혈구는 어디서 생길까요?

 __ 뼛속에서 생긴다고 들었습니다.

뼛속, 특히 골수에서 만들어지고 간과 지라에서 파괴됩니다. 수명은 약 120일 정도 됩니다. 적혈구 내 헤모글로빈 1분자는 4개의 헴을 가지며, 각 헴은 철 이온을 내포하고 있습니다. 산소가 풍부한 곳에서는 산소가 철 이온에 잘 붙으며, 산소가 부족한 곳에서는 철 이온의 산소 결합력이 약해져 산소를 내놓습니다. 다시 말해 산소와 이산화탄소는 헤모글로빈에 약하게 붙어 있어서 쉽게 떨어집니다.

그러면 헤모글로빈에는 산소(O_2)와 이산화탄소(CO_2)만 결합할까요?

 __ 아니오. 일산화탄소(CO)도 결합합니다.

맞습니다. 일산화탄소는 헤모글로빈에 매우 강하게 붙어서 떨어지지 않으므로, 이 가스를 마시면 중독되어 빨리 치료하지 않으면 죽게 됩니다. 청산가리(KCN)도 마찬가지로 헤모글로빈에 매우 강하게 결합하므로, 빨리 치료하지 않으면 죽게 됩니다.

모든 생물이 혈액 속에 헤모글로빈을 가질까요?

__ 아니오. 오징어나 메뚜기는 헤모글로빈이 없기 때문에 피가 적색이 아닙니다.

　맞습니다. 갑각류(새우, 게, 랍스터 등)나 연체동물(오징어, 문어 등)들의 피는 무색이지만 산소와 결합하면 엷은 푸른색을 띕니다. 이들은 헤모글로빈 대신에 혈청소 혹은 헤모사이아닌을 가지기 때문입니다. 이들도 일산화탄소 중독을 일으킬까요?

　　__ 예.

　아닙니다. 이 헤모사이아닌은 철 2가 이온(Fe^{2+}) 대신 구리 1가 이온(Cu^+)을 가지는데, 일산화탄소는 구리 이온에 강하게 결합하지 않습니다.

엽록소 내 마그네슘

　이제 식물과 동물이 금속을 이용하는 데에 어떤 차이점이 있는지 공부합시다. 인간은 호흡을 위해 적혈구의 헤모글로빈을 사용합니다. 적혈구에 있는 헤모글로빈은 철(Fe^{2+}) 이온을 가진 포르피린 구조로 되어 있고, 산소를 받아들여 몸 곳곳의 세포에 전달하고 대신 세포로부터 이산화탄소와 노폐

물을 배출합니다. 이때 이산화탄소는 혈장 속에 녹아 폐로 운반되어 체외로 방출되지요. 이에 반해 엽록소(클로로필, chlorophyll)는 지구에 내리쬐는 태양 광선을 받아 광합성에 의한 탄소동화작용을 합니다. 즉, 이산화탄소를 받아들여 당을 만들고 산소를 배출하지요. 엽록소는 주위에서 늘 보는 녹색 식물의 잎에 가장 많고, 줄기 및 뿌리 등의 녹색 부분에도 포함되어 있습니다. 5미크론 정도이고 밀랍 모양의 청홍색 미세 결정이며, 마그네슘을 가진 포르피린이 중심 구조를 이룹니다. 동물은 헤모글로빈을 이용해 호흡을 하고, 식물은 엽록소를 가지고 에너지 대사를 합니다.

__ 식물이 없으면 우리 지구에 있는 산소가 모두 사라져서 생물들이 모조리 죽겠네요?

물론입니다. 식물은 동물들이 내뿜은 이산화탄소를 받아들여 탄소 동화 작용을 하고 산소를 내뿜어 줍니다. 동물은 호흡을 통해 이 산소를 받아들이고 이산화탄소를 내뿜습니다. 식물과 동물은 서로 돕고 사는 것이지요.

__ 우리는 나무를 많이 심어야 하겠네요.

그렇지요. 나무는 신선한 공기와 목재를 공급하고 폭우에 의한 산사태를 막아 주며, 또한 강한 바람을 막아 주는 방풍림 역할도 합니다. 찌는 무더위에는 그늘도 제공하지요.

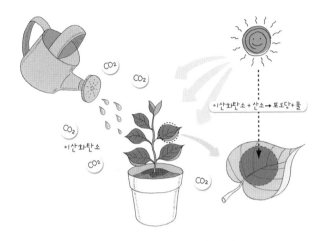

이산화탄소 + 산소 → 포도당 + 물

마그네슘을 이용한 식물의 광합성 작용

__ 동물만 호흡을 통해 이산화탄소를 내뿜습니까?

물론 아니죠. 자동차 배기가스, 화력 발전소 배기가스, 산업용 배기가스 등이 대기 중 이산화탄소 증가의 커다란 원인입니다.

__ 선생님, 식물 외에는 이산화탄소를 제거하는 방법이 없나요?

넓고 깊은 바다에 다량의 이산화탄소가 녹아들어 탄산칼슘($CaCO_3$)으로 침전되어 제거되지요. 물론 나중에 산에 의해 탄산칼슘에서 이산화탄소가 재생되어 나오기도 합니다.

__ 그러면 이산화탄소는 매우 나쁜 물질이네요?

물론 나쁘기도 하지만, 불 끄는 소화재로 사용되기도 하고, 폴리카보네이트와 탄화수소를 만드는 재료로도 사용되며, 지구 온도가 너무 내려가지 않게 보호하는 역할도 합니다.

보석 내 금속

__ 선생님, 보석은 어떻게 색을 띠나요? 보석 사우나에 아빠와 함께 다녀왔는데, 보석이 바이오에너지를 낸다고 하더라고요.

순수한 산화알루미늄(Al_2O_3), 이산화규소(SiO_2, 수정), 탄소(C, 다이아몬드) 및 형석(CaF_2)은 무색투명하지만, 이온 혹은 전자를 가둘 수 있는 빈자리(vacant site) 혹은 결함(defect)이 생기면 여러 가지 색을 냅니다. 주로 전이 금속 이온들(Cr^{3+}, Mn^{2+}, Fe^{2+})이 치환될 경우 이런 현상이 일어나지요.

__ 루비는 어떻게 빨간색을 띠나요?

루비는 무색의 산화알루미늄에 있는 알루미늄 금속 자리에 일부 알루미늄 이온이 크롬 이온으로 치환되어 생기는 결함 때문에 빨간색을 띱니다.

__ 자수정은 어떻게 보라색을 띠나요?

자수정은 무색 이산화규소에서 일부 규소(Si^{4+}) 이온이 철(Fe^{3+}) 이온으로 치환되어 생깁니다.

이들은 결합들의 진동으로 인해 원적외선 즉, 바이오에너지를 방출합니다.

__ 보석들은 모두 수분에 안정한가요?

아닙니다. 대부분의 보석들은 안정한 편이지만 진주, 산호, 터키옥, 호박, 카메오 등은 수분을 빨아들이므로 세제나 물로 씻으면 안 됩니다.

__ 빨리 집에 가서 엄마와 누나에게 말해 주어야겠네.

과학자의 비밀노트

원적외선 – 바이오에너지

가시광선은 에너지가 큰 순서로 나열하면, 보라색(자주색), 남색, 파랑색, 녹색, 노란색, 주황색, 빨간색의 이른바 일곱 가지 무지개 색으로 인간의 눈에 보이는 빛을 말한다. 이 가시광선의 자주색보다 짧은 파장의 빛(즉, 에너지가 더 큰 빛)을 자주색의 밖에 있다고 하여 자외선(UV rays, ultraviolet rays)이라고 부르고, 가시광선 중에 파장이 긴 적색보다도 더 긴 파장의 빛을 적색의 밖에 있다고 하여 적외선(IR rays, infrared rays)이라고 부른다.

적외선은 0.76~1000㎛(1㎛는 100만분의 1m)까지 넓은 영역으로 빛 가운데 80%나 차지하고 있다. 4㎛을 경계로 반사의 성질이 큰 짧은 파장 쪽을 적색의 밖에 가까이 있다고 하는 의미로 '근적외선', 4㎛보다 파장이 긴 쪽을 '원적외선'으로 분류한다. 이 원적외선을 바이오에너지라고 부른다.

인체는 보통 70~80%가 물로 이루어져 있다. 생체 내의 물 분자는 6~11㎛가 중심 파장대인 원적외선이 공명 흡수되면 활발한 운동을 일으킨다. 물 분자(H_2O)는 2개의 O–H 결합이 약 105도 벌어진 상태로 결합되어 있으며, 네 가지의 운동을 하고 있다. O–H 결합 각도가 변하는 변각운동, 좌우로 박자를 짓는 병진운동, 결합축으로 회전하는 회전 운동, 또 O–H 결합 사이에서 거리를 줄였다 늘였다 하는 신축운동을 한다.

원적외선의 특정 파장과 물 분자의 활성화의 상관성은 인간을 비롯한 모든 생명체의 생명 유지에 엄청나게 중요한 의미를 갖고 있다. 공명 흡수에 의해서 물 분자가 활성화되어 피하 깊은 곳의 온도가 상승하여 미세 혈관이 확장됨으로써 혈액 순환 촉진, 어혈 등을 완화, 장기 세포 조직의 부활과 효소 생성이 촉진된다.

경금속의 약성

우리는 첫 번째 수업에서 금속류에는 금속, 준금속, 비금속이 존재하고, 금속은 경금속, 중금속으로 나눌 수 있다는 것을 배웠습니다. 경금속은 대개 몸에 좋다고 알려져 있는데 이를 한번 살펴봅시다.

우리 몸은 왜 경금속을 필요로 할까요?

__ 우리 몸에서 매우 중요한 역할을 하기 때문입니다.

경금속은 주로 어떤 역할을 할까요?

__ 철분은 혈액에서 우리가 숨 쉬는 것을 도와줍니다.

맞아요. 우리는 한순간도 숨 쉬지 않고는 살 수가 없지요. 우리 뇌가 산소를 공급 받지 못하면 수분 내에 뇌세포가 파괴되어 죽지요. 그 이외 어떤 역할이 있을까요?

__ 예. 땀을 많이 흘리거나 설사를 심하게 할 때 이온수를 먹어야 합니다.

맞습니다. 우리 몸 안에 있는 경금속들이 어떻게 작용하는지 자세히 살펴봅시다. 우리 신체 내에는 여러 비타민들이 있어서 성장을 촉진하고 건강한 삶을 유지시키며, 생식 능력을 촉진시킵니다. 유기질 비타민은 에너지원이 아니며 효소

의 촉매 작용을 도와줍니다. 예로, 비타민 A(지용성 비타민으
로서 망막, 상피 세포, 점막, 피부, 치아, 뼈의 성장을 도우며, 면역
계와 생식력 유지를 돕습니다. 또한 산화를 방지하는 항산화 작용
을 합니다. 달걀, 당근, 우유, 동물의 간 등에 존재합니다), 비타민
B_1(티아민이라고도 부르며 수용성 비타민으로 에너지 대사에 관
여합니다. 또한 식욕과 신경 기능의 정상 유지를 돕습니다. 곡류,
달걀 노른자, 콩류에 존재합니다), 비타민 B_2(리보플래빈이라고
도 부릅니다. 에너지 대사를 돕고 정상 시력과 피부 건강 유지를
돕습니다. 우유, 육류, 치즈, 참치, 연어, 닭고기, 소고기, 버섯, 땅
콩 등에 존재합니다), 비타민 B_3(니코틴산이라고 부르며 에너지
대사에 관여하는 수용성 비타민입니다. 피부와 신경계, 소화계의
건강 유지를 돕습니다. 참치, 연어, 닭고기, 소고기, 버섯, 땅콩 등

에 존재합니다), 비타민 B_5(지방 대사, 뇌와 신경 유지, 피부—모발 건강 유지, 스트레스 감소에 기여합니다. 버섯, 브로콜리, 전곡, 콩류, 간, 계란 등에 존재합니다), 비타민 B_6(피리독신이라고도 부르며 적혈구 생산을 돕습니다. 부신피질호르몬, 인슐린, 항체, 헤모글로빈 생성에 관여하며 항우울, 이뇨 효과가 있습니다. 닭고기, 돼지고기, 연어, 계란, 시금치, 브로콜리, 바나나, 견과류에 존재합니다), 폴산(뇌와 신경 기능 유지, 단백질 대사 및 적혈구 생성에 관여합니다. 레몬, 바나나, 멜론, 콩, 시금치 등에 존재합니다), 비타민 B_{12}(단백질 대사 및 에너지 생성, 핵산 합성 및 신경을 싸는 막 형성에 기여합니다. 생선, 갑각류, 조개류, 육류, 가금류, 유제품에 골고루 존재합니다), 비타민 C(면역 기능 강화, 콜라겐 형성, 항산화와 해독 작용, 항스트레스 작용을 합니다. 모든 과일과 야채에 존재합니다), 비타민 D(칼슘과 인의 흡수, 면역 생식 유전자 조절, 세포 분열 촉진을 돕습니다. 햇빛을 쬐면 자동적으로 생성됩니다), 비타민 E(노화, 동맥 경화, 심혈관 질환, 불임에 효과가 있습니다. 식물성 기름, 녹색 채소, 달걀, 견과류에 분포합니다), 비타민 K, EPA/DHA(뇌와 눈의 망막, 고환을 구성하는 중요 요소로서, 인슐린 기능 개선, 좋은 콜레스테롤 증가, 만성 염증 완화의 효과가 있습니다), 비타민 Q(코엔자임 Q_{10}이라고도 부릅니다. 비타민 E와 유사한 작용을 하며, 강력한 항산화제로서 면역계를 자극하여 병 치료가 가능하게 합니다. 참치, 연어, 정어리, 고등어, 식물성 기름, 육류에 고루 분포합니다) 등 많이 있습니다.

경금속의 종류와 그 작용이 매우 다양하지요?

__ 예. 휴~, 어렵다.

우리 몸에 필요한 경금속에는 어떤 것들이 있을까요?

__ 칼슘이오.

먼저 우리 몸의 뼈와 이를 구성하는 칼슘(Ca)이 있지요. 칼슘은 우리 몸의 신호 전달 물질이어서 모자라면 치매에 걸리기 쉽습니다. 늙으면 골다공증이 생겨서 칼슘이 몸 밖으로 빠져나가므로 치매가 많이 걸립니다. 철(Fe)은 우리 몸의 혈액 내 헤모글로빈의 합성에 쓰이고, 아연(Zn)은 효소의 구성 요소로 당질, 단백질, 지질, 핵산의 합성과 분해에 관여합니다. 셀레늄(Se)은 세포 손상을 방지하는 효소 성분이며, 마그네슘(Mg)은 뼈와 이의 구성 성분으로 에너지 생성에 관여합니다. 구리(Cu)는 효소와 단백질 내 일부로 존재하며, 철과 협동 작용을 합니다. 망가니즈(Mn)는 생식과 성장 정상화에 기여하며, 칼륨(K)과 나트륨(Na)은 심장 근육 기능의 조절에 관여합니다. 그 외에 요오드(I, 갑상샘 호르몬의 구성 성분), 불소(F, 충치 예방), 인(P, 뼈와 이 구성), 규소(Si, 피부의 탄력성), 황(S, 머리털의 발육, 필수 아미노산의 성분) 등이 있습니다. 이들은 체내에서 합성이 되지 않으므로 음식 섭취를 통해 우리 몸에 매일 공급되어야 합니다.

＿ 이 모든 것을 어떻게 먹을 수가 있나요?

뜻밖에 간단합니다. 음식을 골고루 섭취하고, 끼니를 거르지 말며, 부족하면 종합 비타민제를 섭취하면 됩니다.

경금속은 무기질 비타민으로 사용된다고 배웠는데, 약으로 사용되는 경금속 화합물은 없을까요?

＿ 알루미늄과 마그네슘이오. 위산 과다 속쓰림 치료제로 사용된다고 그러더군요.

위산의 성분은 염산(HCl)으로서 pH가 1정도 되는 강산입니다. 알루미늄 수산화물과 마그네슘 수산화물은 각기 약산성과 약염기성이지만, 강산에서는 모두 약염기로 작용하여 산성을 중화합니다. 다른 약들은 없나요?

＿ 우울증에 걸린 우리 누나가 리튬이 들어간 약을 복용한다고 그러더군요.

맞아요. 탄산리튬(Li_2CO_3)을 복용하면 우울증이 완화됩니다. 이외에도 바나듐(V^{5+}) 착물은 당뇨병 치료제로 사용됩니다. 산화수은(HgO)은 머큐로크롬의 성분으로 소독제로 사용되지요. 운동으로 땀을 많이 흘렸거나 심한 설사로 몸에 전

해질이 필요할 때 나트륨(Na^+)과 칼륨(K^+)이 들어간 이온수를 마시면 나아지지요. 티탄 금속 이온은 항암제로 사용됩니다. 빈혈 치료제로 철분(Fe^{2+})을 보충하기도 하고요.

중금속의 독성과 약성

앞에서 언급한 유기질 비타민과 무기질 비타민은 우리 몸에 꼭 필요하고 유익하지만, 중금속들은 대개 우리 몸에 유익하지 않으며 몸 밖으로 배출되지 않고 우리 몸속에 쌓입니다. 납(Pb), 비소(As), 수은(Hg), 카드뮴(Cd), 주석(Sn) 등이 대표적인 예입니다. 납, 비소, 수은(미나마타병), 카드뮴(이따이이따이병) 등은 체내에 치명적인 독성을 나타내며, 주석은 환경 호르몬으로 생태계의 교란을 일으킵니다.

그 이유를 설명할 수 있는 학생 손들어 보세요.

— …….

중금속은 크기가 커서 무르므로 편극이 잘 되어(즉, 잘 늘어나서) 부드러운 금속이라 불리며, 공유 결합(전기 음성도가 비슷한 원소끼리 전자를 공유하여 이루는 결합)을 잘합니다. 우리 몸은 유기 물질이라서 공유 결합을 잘하므로 중금속이 우리 몸 안에 들어오면 나가지 않고 축적됩니다. 중금속은 또한 효소 작용을 방해해 치명적이지요. 그러면 모든 중금속들이 독성이 있고 위험할까요?

— 아니오. 뱀독도 적은 양으로 잘 쓰면 오히려 약이 됩니

환경 호르몬

인체에서 호르몬과 비슷한 작용을 하여 붙여진 용어로서 환경 호르몬의 정식 명칭은 '외인성 내분비 교란 물질'이다. 수많은 세포와 내장 기관들 사이의 정보 교환을 도와주는 물질인 호르몬은 생물의 혈액 속에 녹아 있다가 특정 세포의 수용체에서 작용한다. 그러나 호르몬과 비슷한 화학 구조를 가진 환경 호르몬이 생물체의 호르몬 대신 해당 수용체와 결합하거나 또는 수용체의 입구를 막아 버려 생물체에 이상이 생긴다고 학계에서는 말한다. 환경 호르몬으로 인해 수태에 필요한 정자 수가 줄어드는 등 생식 기관에서의 이상뿐만 아니라 면역계와 신경계 등에서 대부분의 생물체 특히 인간에게 지대한 영향을 미친다. 농약과 수은 · 납 · 카드뮴 등의 중금속, 비스페놀 A 등의 플라스틱 성분, 프탈레이트 등 플라스틱 가소제, 강력세척제인 노닐페놀류, 다이옥신 등이 환경 호르몬 의심 물질로 알려져 있다. 이들은 물고기 등 어류에서 암컷이 수컷에 비해 더 많이 태어나게 한다.

다. 마찬가지로 적은 양을 사용하면 되지 않을까요?

맞습니다. 예로서 백금 착물[시스플라틴(cis−Pt(NH$_3$)$_2$Cl$_2$]과 티타노센다이클로라이드[(C$_5$H$_5$)$_2$TiCl$_2$]는 항암제로 사용됩니다. 아이오딘화화칼륨(KI)은 갑상샘 질병 치료에 사용되고요.

__ 금속의 특성을 잘 이해한 후 제대로 사용하면 인간에게 이로운 약이 될수가 있군요.

맞습니다.

＿ 나노 금속 입자가 위험하다고 하는데 왜 그런가요?

나노 입자가 매우 작기 때문입니다. 요즘 은 나노 입자가 생활 속에서 많이 활용되고 있습니다. 은 나노 입자가 코팅된 젖병, 세탁기, 휴대폰, 양말 등이 많이 있지요.

＿ 나노는 어느 정도 크기를 말합니까?

머리카락을 세로로 10만 번 자른 크기, 즉 10억분의 1m가 1nm입니다. 금속을 이렇게 작은 입자로 만들면 입자가 매우 작아 눈에는 보이지 않고 전자 현미경으로만 볼 수 있습니다.

＿ 이렇게 작은 알갱이들을 우리가 마시거나, 또는 이것들이 피부에 닿으면 어떻게 되나요?

이런 작은 입자들은 우리 생체 내로 쉽게 침투할 수 있고, 표면적이 커서 반응성이 매우 큽니다. 은 나노 입자는 살균력이 매우 뛰어납니다만, 이런 부작용이 우리 인간에게 피해를 줄 것으로 우려됩니다. 자연에 아무 생각 없이 버려지는 경우, 이런 나노 물질들은 쉽게 지하수에 흘러들어 지하수를 오염시킬 수 있고, 이 물을 마시는 사람이나 동물에게 자연히 피해를 입힐 것입니다.

＿ 질문이 있습니다. 모든 나노 입자가 위험합니까?

꼭 모두 위험한 것은 아닙니다. 그러나 가능성이 크다고 봐야겠죠.

__ 우리 학교 운동장에 석면이 깔려 있다고 하는데, 석면이
위험하다면서요? 석면은 무엇인가요?

  석면은 말 그대로 섬유 형태의 암석을 말합니다. 영어
'asbestos'는 '불에 타지 않는다'라는 의미의 그리스 어에
서 유래하였습니다. 석면은 사문석이니 각섬석이 만들어지
는 과정에서 결정으로 자라지 않고 불완전한 바늘 모양으로
자란 규산마그네슘과 칼슘 암석을 가리킵니다. 불에 타지 않
으므로 과거에는 절연제로 많이 쓰였습니다. 하지만 현재는
폐기종을 유발하고 발암성이 있어서 사용이 전면 금지되었
습니다. 석면은 유리를 불에 녹여 가늘게 뽑은 유리섬유와는
다릅니다.

  여러분은 장차 훌륭한 과학자가 되어 좋은 금속 착물들을
개발하여 인류 건강에 기여할 수 있도록 노력하세요. 또한
인간에게 해가 될 수 있는 물질들을 안전하게 다룰 수 있는
방법을 찾아내는 것도 중요합니다.

만화로 본문 읽기

박사님 좀 전에 우리 몸에도 금속이 있다고 하셨는데 어떤 금속들인가요?

인체에는 칼슘, 칼륨, 나트륨, 마그네슘 순으로 많이 존재하고 그 외 철, 코발트, 구리, 아연, 요오드, 셀레늄 등이 미량으로 존재해요.

그럼 금속은 인체 내에서 어떤 일을 하나요?

우선 보결족인 금속 이온 Fe^{2+}, Zn^{2+}, Mg^{2+} 등은 조효소인 NAD, NADP, FAD, 비타민 B 등의 촉매 반응에 관여하여 반응이 더 쉽고 간편하게 일어나게 도와줍니다.

적혈구 안의 헤모글로빈에는 철이 들어있는데 산소가 풍부한 곳에서는 산소가 철 이온에 잘 붙으며, 산소가 부족한 곳에서는 산소를 내놓는 성질이 있어 호흡에 관여하기도 하죠.

그럼 식물은 어떤가요?

식물의 엽록소는 마그네슘을 가진 포르피린이 중심을 이루며 이 엽록소에 의해 호흡과 에너지 대사를 하게 되죠.

아 동물은 헤모글로빈, 식물은 엽록소로 호흡을 하는 것이군요.

그럼 우리 몸에 좋은 금속은 어떤 것이 있나요?

주로 경금속으로 이런 금속들이 있어요.

칼슘, 마그네슘 - 뼈와 이의 구성성분
철 - 혈액 내 헤모글로빈의 합성
아연 - 효소의 구성요소
셀레늄 - 세포손상을 방지하는 효소 성분
망간 - 생식과 성장 정상화에 기여
칼륨, 나트륨 - 심장근육 기능의 조절

중금속은요?

중금속들은 대개 우리 몸에 유익하지 않으며 몸 밖으로 배출되지 않고 우리 몸속에 쌓여 치명적 독성을 일으키며 주석은 환경호르몬으로서 생태계의 교란을 일으킨답니다.

중금속은 몸속에 들어오면 나가지 않고 계속 쌓인다고.

6

금속 합금은 산업에
어떻게 사용될까?

금속의 성질은 제각기 다르며 단점과 장점들이 있습니다.
금속의 장점을 합친 새로운 금속인 합금은 어떻게 생겨났을까요?

6

여섯 번째 수업

금속 합금은 산업에 어떻게 사용될까?

데이비가 여섯 번째,
마지막 수업을 시작했다.

합금

　금속은 순수한 상태로 사용되기도 하지만 서로 다른 성질
의 금속끼리 합쳐져 새로운 금속인 합금을 이루기도 합니다.
합금을 제조하는 이유는 금속 성분 각각의 장점만을 취해 우
수한 성질을 가지는 새로운 금속을 만들기 위해서 이지요.
혹시 여러분 중 합금에 대해 알고 있는 사람은 말해 볼까요?
　__ 치과 병원에서 사용하는 아말감을 예로 들 수 있습니다.
지난번 치과에서 치료받을 때 의사 선생님이 충치로 썩은 치

아의 구멍을 아말감으로 봉한다고 하시던데요.

　맞습니다. 그러면 아말감은 어떤 금속들이 혼합되어 이루어진 합금일까요?

　__ 수은이랑…….

　네, 수은에 다른 금속을 섞어 만든 합금을 아말감이라 합니다. 예를 들어 나트륨과 수은은 열을 내며 바로 합금을 생성합니다.

　__ 수은이 들어간 합금은 몸에 해롭지 않나요?

　좋은 질문입니다. 물론 아말감에 수은이 들어갔으나, 합금이 이루어지면 수은은 흘러나오지 않고 해를 끼치지 않는다고 봐야겠죠?

   __ 그렇군요. 이제 안심이네.

   그렇지만 조심해야겠지요. 아말감이 어떤 원인으로 파괴되
는 경우 수은에 중독될 수도 있을 것입니다.

   __ 와우, 무섭네요.

   이제 우리 일상 생활에 많이 쓰이는 합금의 이름과 그것이
무엇으로 이루어졌는지 말해 봅시다.

   __ 스테인리스 합금이 있습니다. 스테인리스는 크롬, 니켈,
탄소를 혼합하여 만들며 녹이 슬지 않아 식기로 널리 사용됩
니다. 다른 하나는 두랄루민이고요. 두랄루민은 알루미늄,
구리, 마그네슘을 혼합하여 만들며 가볍고 튼튼해서 비행기
몸체 재료로 사용됩니다.

   잘 말해 주었어요. 또 다른 합금의 예를 들어 줄 사람?

   __ 청동은 구리와 주석으로 이루어진 합금이고, 황동은 구
리와 아연이 혼합되어 만들어진 합금입니다.

   훌륭해요. 토기 시대, 구석기 시대와 신석기 시대를 거쳐
청동 합금이 발명되면서 문화 발전이 급격하게 이루어졌지
요. 이어 철기 시대가 도래하여 문명의 꽃을 피웠고요.

   __ 철을 이용한 합금에는 무엇이 있나요?

   철의 합금을 몇 가지 말해 줄게요. 강철과 무쇠는 철에 탄

소를, 양철은 철에 주석을, 함석은 철에 아연을 혼합하여 각기 만든 것입니다.

　이외에도 기능성이 뛰어난 신소재로 형상 기억 합금이 있는데, 이것은 어느 정해진 온도에서 형태를 만들어 놓으면 낮은 온도에서 형태를 변하게 하여도 그 정해진 온도에 도달하면 다시 원래의 모양(원자 배열)으로 되돌아가는 합금입니다. 예로 니켈과 티탄 금속을 1:1로 혼합하여 만든 니티놀 합금은 미국 항공 우주국에서 파라볼라 안테나 제조에 사용하였습니다. 지구 상에서 작은 부채같이 접은 안테나를 우주에서 펼치면 원래의 큰 접시 모양으로 펼쳐져 작동하게 됩니다.

환경 문제로 수소를 연료로 사용하기 위해서는 효과가 좋은 저장 물질이 필요한데, 이런 목적으로 수소 저장 합금이 많이 사용됩니다. 주로 니켈에 마그네슘 혹은 철을 섞어 만든 합금들은 수소 분자를 수소 원자 상태로 차곡차곡 쌓으므로 1500기압까지 수소 가스 저장이 가능합니다. 고온에서도 변하지 않는 초내열 합금은 니켈 : 코발트 : 텅스텐 : 크롬을 70 : 10 : 10 : 9의 비율로 혼합하여 만듭니다. 이 합금은 1000도 이상의 온도에서도 변하지 않아 제트 엔진 안에 있는 회전 날개 제조에 사용됩니다.

좀 어렵지요? 그러나 이런 특수한 합금이 있어서 다양한 산업 분야에 사용되며, 우리 일상 생활이 윤택해지고 편리해집니다. 모두들 나, 데이비가 들려주는 '금속 이야기'를 흥미롭게 들었나요? 이것으로 여섯 번에 걸친 수업을 마치도록 하겠습니다.

__ 데이비 선생님, 그동안 수업해 주셔서 대단히 감사합니다.

금속은 구체적으로 우리 생활에 어떻게 사용되고 있나요?

네, 금속은 순수한 상태로 사용되기도 하지만 서로 다른 장점을 취하기 위해 다른 금속과 합쳐서 사용하기도 해요.

아, 합금 말이군요.

네, 맞아요. 합금은 아주 오래전부터 사용되어 왔는데 구리와 주석으로 이루어진 청동은 문화를 급격히 발전시키는 원동력이 되기도 했죠.

요즘에 사용되는 합금은요?

크롬, 니켈, 탄소를 혼합하여 만든 스텐레스 합금은 녹이 슬지 않아 식기로 널리 사용되고, 알루미늄, 구리, 마그네슘을 혼합하여 만든 두랄루민은 가볍고 튼튼해서 비행기 몸체나 자동차의 재료로 사용되기도 해요.

스텐레스

두랄루민

그리고 우리가 보통 쇠라고 생각하는 강철과 무쇠는 철에 탄소를, 양철은 철에 주석을, 함석은 철에 아연을 혼합하여 각기 만든 것입니다.

강철

양철

함석

그리고 최근에 개발된 신소재로 형상기억합금이 있는데 이 합금은 모양이 변해도 정해진 온도에서 원래의 모습으로 돌아오는 특징이 있어요.

와! 신기하네요.

내 안테나는 형상기억 합금이라 태양열로 온도가 올라가면 저절로 펼쳐진다구.

그 외에도 금속들은 우리 생활에 없어서는 안 될 많은 역할을 하고 있답니다.

금속에 대해 많은 것을 배우는 유익한 시간이었어요.

　험프리 데이비(Humphry Davy)는 1778년 12월, 영국 서남부 콘월(Cornwall) 주 펜잔스에서 목각공인 부친의 장남으로 태어났습니다. 16세 되던 해에 부친을 여의고 17세에 J. B. 볼레이스라는 약제사의 조수가 되어 철학, 수학, 화학을 독학하였으며, 라부아지에가 쓴 화학교과서를 탐독하며 특히 화학에 흥미를 가지게 되었습니다. 19세에 「열, 빛 및 빛의 결합에 관한 연구」라는 논문으로 의사 T. 베도스에게서 과학자로서 인정받았습니다. 20세 되던 1798년에 브리스톨 기체 연구소에 연구원으로 취직하여 열에 대한 연구를 시작했습니다. 라부아지에가 제안한 열 물질설을 뒤엎고 정밀한 실험을 거쳐 열 운동설을 주창하여 일약 스타가 되지요. 또한 프리스틀리가 발견한 무색투명한 일산화이질소 기체(N_2O, 일명 웃음 기체)가 마취의 기능이 있으며, 얼굴 근육을 경련시켜 웃는 표정을 짓게 한다는 사실을 밝혀냈습니다. 전기 분해를 통해 최초로 알칼리 금속(주기율표 1족 원소)와 알칼리 토금속(주기율표 2족 원소)의 분리에 성공해서, 1807년에 알칼리 금속인 나트륨(Na), 칼륨(K)을 분리하였고 1808년에 알칼리 토금속인 마그네슘(Mg), 칼슘(Ca), 스트론튬(Sr), 바륨(Ba)을 성공적으로 분리하였습니다. 데이비는 실생활에 쓰이는 기술 개발에도 전념하여 『유제의 연구(1803년)』와 『농예 화학 교과서(1813년)』를 발표하였으며, 1816년에 광산 재해 방지에 필수적인 안전등을 발명하였습니다. 데이비가 훌륭한 이유는 1813년에 마이클 패러데이를 자신의 실험실 조수로 영입한 것입니다. 페러데이는 영국인에게 가장 사랑받는 과학자로서, 연구소 입소 전에는 시골의 인쇄공 신분이었으나 데이비의 전기 분해 연구를 이어 나가 전기 화학의 기초를 닦음으로써 일약 스타가 되었지요. 1820년에 왕립학회 회장으로 선출되었고, 1826년에 건강상 이유로 데이비스 길버트에게 왕립학회 회장직을 물려주고 유럽으로 요양을 떠났다가, 51세이던 1829년 5월 29일에 제네바에서 급사하였습니다.

과 학 연 대 표
언제, 무슨 일이?

과학사		세계사

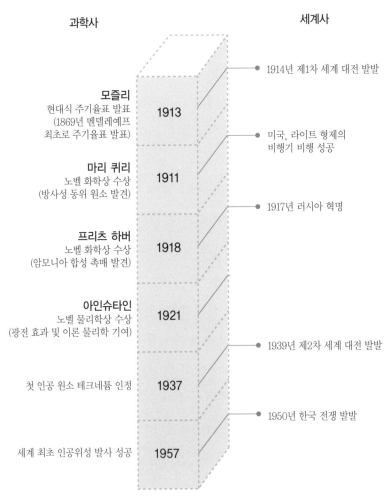

● 1914년 제1차 세계 대전 발발

모즐리
현대식 주기율표 발표
(1869년 멘델레예프
최초로 주기율표 발표)

1913

● 미국, 라이트 형제의
비행기 비행 성공

마리 퀴리
노벨 화학상 수상
(방사성 동위 원소 발견)

1911

● 1917년 러시아 혁명

프리츠 하버
노벨 화학상 수상
(암모니아 합성 촉매 발견)

1918

아인슈타인
노벨 물리학상 수상
(광전 효과 및 이론 물리학 기여)

1921

● 1939년 제2차 세계 대전 발발

첫 인공 원소 테크네튬 인정

1937

● 1950년 한국 전쟁 발발

세계 최초 인공위성 발사 성공

1957

1. 금속은 전기 음성도가 작은 원소로서 수소를 제외한 1A족 원소, 2A족 원소, 붕소를 제외한 3A족 원소들인 □□ □□과 전이 금속, 내부 전이 금속으로 나뉩니다.

2. 가벼운 금속 원소인 경금속은 대개 무기질 비타민으로 사용되며, 무거운 금속원소인 □□□은 수은, 주석, 비소와 같이 독성을 가지는 물질입니다.

3. 금속과 비금속의 가운데 쯤 속하는 것을 □□□으로 부르며, 반도체로 사용되는 4A족의 실리콘, 게르마늄들이 대표적 예입니다.

4. 금속은 상온에서 액체인 □□을 제외하곤 모두 고체로서 존재하며, 금속 결합을 하고 있고, 여러 다양한 고유의 특성을 지니고 있습니다.

5. 대폭발로 우주가 생성된 후 초기에는 수소와 헬륨이 생겼으며, 이것들이 □□□하여 오랜 세월에 걸쳐 안정한 철이 생성되었습니다.

6. 소금은 우리 몸에 매우 중요하며, □□□ 금속 이온을 포함하고 있습니다. 우리 혈액에 있는 적혈구는 □ 금속 이온을 포함하고 있습니다.

7. 치명적인 수은 중독을 □□□□병으로 부릅니다.

8. □□는 반응물과 생성물의 종류와 양을 바꾸지는 못하며, 다만 속도만 변화시킵니다.

1. 주족 금속 2. 중금속 3. 준금속 4. 수은 5. 핵융합 6. 나트륨, 철 7. 미나마타 8. 촉매

형상 기억 합금 : 좁아진 혈관을 확장하는 스텐트 개발

  면바지는 면의 고유한 특성 때문에 한번 빨면 크기가 줄고 구김이 많이 갑니다. 여러분은 구김이 가지 않는 면바지를 입어 본 적이 있으리라 생각합니다. 이것은 면섬유에 원래 형상을 기억하는 물질을 첨가하였기 때문입니다.

  마찬가지로 금속도 합금 형태로 형상 기억 금속이 있습니다. 형상 기억 합금은 원하는 모양을 기억하고 있다가 적정한 온도가 되면 그 모양으로 되돌아가는 신기한 특성을 가지는 금속 혼합물을 가리킵니다. 여러분은 영화 〈터미네이터〉에서 경찰 복장의 외계인의 몸이 녹았다가 그 금속 방울들이 마치 수은처럼 다시 모여서 원래 형태로 복원되는 장면을 보았을 것입니다. 이 현상은 1938년에 미국 하버드 대학교의 그래닝거 교수와 M.I.T. 공과 대학교의 무래디언 교수가 최초로 발견하였습니다. 이들은 황동에서 어떤 모양이 온도 변화에 따라 형상 기억 현상이 나타났다가 사라진다고 발표하였습니다. 이어 일리노이 대학교의 리이드 박사 연구 팀은

Au-Cd, Fe-Pt, In-Cd, Fe-Ni, Ni-Al 등의 합금들이 형상 기억 특성이 있음을 발견하였습니다. 이 밖에 다른 과학자들에 의해 V, Cr, Mn, Co와 같은 금속들을 첨가할 경우 모양이 변하는 온도가 낮아지고, Hf, Zr, Pd, Pt와 같은 금속들을 첨가할 경우 모양이 변하는 온도가 높아진다는 사실이 발견되었습니다.

형상 기억 효과가 있는 합금들은 현재까지 10여 종 알려져 있지만, Ni-Ti계, Cu-Zn-Al계가 실용성이 뛰어나 많이 사용됩니다. 1960년에 미국 해군 무기 연구소에서 발견한 Ni-Ti계 합금은 성능과 가공성이 우수하지만 가격이 비쌉니다. 이에 비해 Cu-Zn-Al계 합금은 원료 가격이 싸고 가공성이 우수하지만 효과가 약하다는 것이 단점입니다.

현재 의료용으로 Ni과 Ti이 원자 비율로 1:1(무게비로 55:45)로 혼합된 합금이 널리 사용됩니다. 이 형상 기억 합금은 뼈를 연결하는 나사로, 그리고 심혈관계 질환인 좁아진 혈관을 확장하는 풍선형 스텐트로 많이 사용됩니다. 이 스텐트 시술로 뇌졸중, 심근 경색, 협심증으로 쓰러진 수많은 생명을 구하였고, 또한 중풍 불구자가 되는 것을 방지하였습니다.

형상 기억 자연이 있으면 얼마나 좋을까요. 언제든 우리가 원하면 아름다운 에덴 동산으로든 원시림이 풍부한 아마존 밀림으로든 돌아갈 수 있으니까요.

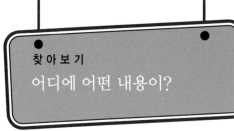

찾아보기

어디에 어떤 내용이?

과학자가 들려주는 과학 이야기 (전 130권)

정완상 외 지음 | (주)자음과모음

위대한 과학자들이 한국에 착륙했다!
어려운 이론이 쏙쏙 이해되는 신기한 과학수업,
〈과학자가 들려주는 과학 이야기〉 개정판과 신간 출시!

〈과학자가 들려주는 과학 이야기〉 시리즈는 어렵게만 느껴졌던 위대한 과학 이론을 최고의 과학자를 통해 쉽게 배울 수 있도록 했다. 또한 지적 호기심을 자극하는 흥미로운 실험과 이를 설명하는 이론들을 초등학교, 중학교 학생들의 눈높이에 맞춰 알기 쉽게 설명한 과학 이야기책이다. 특히 추가로 구성한 101~127권에는 청소년들이 좋아하는 동물 행동, 공룡, 식물, 인체 이야기와 최신 이론인 나노 기술, 뇌 과학 이야기 등을 넣어 교육 과정에서 배우고 있는 과학 분야뿐 아니라 최근의 과학 이론에 이르기까지 두루 배울 수 있도록 구성되어 있다.

★ 개정신판 이런 점이 달라졌다! ★

첫째, 기존의 책을 다시 한 번 재정리하여 독자들이 더 쉽게 이해할 수 있게 만들었다.

둘째, 각 수업마다 '만화로 본문 보기'를 두어 각 수업에서 배운 내용을 한 번 더 쉽게 정리하였다.

셋째, 꼭 알아야 할 어려운 용어는 '과학자의 비밀노트'에서 보충 설명하여 독자들의 이해를 도왔다.

넷째, '과학자 소개 · 과학 연대표 · 체크, 핵심과학 · 이슈, 현대 과학 · 찾아보기'로 구성된 부록을 제공하여 본문 주제와 관련한 다양한 지식을 습득할 수 있도록 하였다.

다섯째, 더욱 세련된 디자인과 일러스트로 독자들이 읽기 편하도록 만들었다.

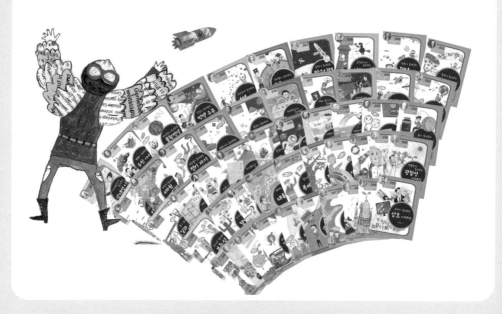

수학자가 들려주는 수학 이야기(전 88권)

차용욱 외 지음 | (주)자음과모음

국내 최초 아이들 눈높이에 맞춘 88권짜리 이야기 수학 시리즈!
수학자라는 거인의 어깨 위에서 보다 멀리, 보다 넓게
바라보는 수학의 세계!

수학은 모든 과학의 기본 언어이면서도 수학을 마주하면 어렵다는 생각이 들고 복잡한 공식을
보면 머리까지 지끈지끈 아파온다. 사회적으로 수학의 중요성이 점점 강조되고 있는 시점이지
만 수학만을 단독으로, 세부적으로 다룬 시리즈는 그동안 없었다. 그러나 사회에 적응하려면
반드시 깨우쳐야만 하는 수학을 좀 더 재미있고 부담 없이 배울 수 있도록 기획된 도서가 바로
〈수학자가 들려주는 수학 이야기〉 시리즈이다.

★ 무조건적인 공식 암기, 단순한 계산은 이제 가라! ★

- 〈수학자가 들려주는 수학이야기〉는 수학자들이 자신들의 수학 이론과, 그에 대한 역사적인 배경, 재미있
  는 에피소드 등을 전해 준다.
- 교실 안에서뿐만 아니라 교실 밖에서도, 배우고 체험할 수 있는 생활 속 수학을 발견할 수 있다.
- 책 속에서 위대한 수학자들을 직접 만나면서, 수학자와 수학 이론을 좀 더 가깝고 친근하게 느낄 수 있다.

철학자가 들려주는 철학 이야기 (전 100권)

서정욱 외 지음 | (주)자음과모음

아이들의 눈높이에 맞춘 철학 동화!
책 읽는 재미와 철학 공부를 자연스럽게 연결한 놀라운 구성!

대부분의 독자들이 어렵게 느끼는 철학을 동화 형식을 이용해 읽기 쉽게 접근한 책이다. 우리의 삶과 세상, 인간관계에 대해 어려서부터 진지하게 느끼고 고민할 수 있도록, 해당 철학 사조와 철학자들의 사상을 최대한 풀어 썼다.

이 시리즈의 가장 큰 장점은 내용과 형식의 조화로, 아이들이 흔히 겪을 수 있는 일상사를 철학 이론으로 해석하고 재미있는 이야기로 담은 것이다. 또한 아이들의 눈높이에 맞는 쉽고 명쾌한 해설인 '철학 돋보기'를 덧붙였으며, 각 권마다 줄거리나 철학자의 사상을 상징적으로 표현한 삽화로 읽는 재미를 더한다. 철학 동화를 이끌어가는 주인공을 형상화하고 내용의 포인트를 상징적으로 표현한 삽화는 아이들의 눈을 즐겁게 만들어준다. 무엇보다 이 시리즈는 철학이 우리 생활 한가운데 들어와 있고, 일상이 곧 철학이라는 사실을 잘 보여준다. 무엇보다 자기 자신을 극복한다는 것, 인간을 사랑한다는 것, 진정한 인간이 된다는 것, 현실과 자기 자신을 긍정한다는 것 등의 의미를 아이들의 시선에서 풀어내고 있다.